Интеграл Лебега в абелевой Ω-группе

Александр Клейн

Aleks_Kleyn@MailAPS.org
http://AleksKleyn.dyndns-home.com:4080/
http://sites.google.com/site/AleksKleyn/
http://arxiv.org/a/kleyn_a_1
http://AleksKleyn.blogspot.com/

Аннотация. Кольцо, модуль и алгебра имеют то общее, что они являются абелевыми группами относительно сложения. Этого свойства достаточно для изучения операции интегрирования. Рассмотрен интеграл измеримого отображения в нормированную абелевую Ω-группу. Теория интегрирования отображений в Ω-группу имеет много общего с теорией интегрирования функций действительного переменного. Однако многие утверждения необходимо изменить, так как они неявно предполагают компактность области значений либо отношение полного порядка в Ω-группе.

Copyright © 2014 Александр Клейн

All rights reserved.

CreateSpace Independent Publishing Platform

ISBN: 1541099842

ISBN-13: 978-1541099845

Оглавление

Глава 1

Предисловие

Теория измеримых функций и интеграла, построенная в середине XX века, решает немало математических проблем. Однако эта теория рассматривает функции действительного переменного.

Когда я начал исследовать алгебры с непрерывным базисом, я понял, что мне необходима аналогичная теория интегрирования в нормированном векторном пространстве. Я рассматривал интеграл отображений в кольца, модули и алгебры. Эти алгебраические структуры имеют то общее, что они являются абелевыми группами относительно сложения. Этого свойства достаточно для изучения операции интегрирования.

Естественно было рассмотреть проблему в общем, и я вспомнил, что однажды такая задача передо мной стояла. Так возникло решение изучить нормированные Ω-группы и теорию интегрирования отображений в Ω-группу.

Из многочисленных ссылок на аналогичные определения и теоремы, читатель увидит, что теория интегрирования отображений в Ω-группу имеет много общего с теорией интегрирования функций действительного переменного. Однако многие утверждения необходимо изменить, так как они неявно предполагают компактность области значений либо отношение полного порядка в Ω-группе.

Я уделил большое внимание топологии нормированной Ω-группы. Для определения интеграла измеримого отображения f, мне надо рассмотреть последовательность простых отображений, равномерно сходящихся к отображению f.

Так как я рассматриваю интеграл отображения в Ω-группу A, я должен был определить взаимодействие действительного числа и A-числа. Я рассматриваю представление поля действительных чисел в Ω-группу A. Эта модель удобна при изучении алгебры с непрерывным базисом.

Глава 2

Предварительные определения

2.1. Универсальная алгебра

ОПРЕДЕЛЕНИЕ 2.1.1. *Для любых множеств*[2.1] *A, B,* **декартова степень** B^A *- это множество отображений*

$$f : A \to B$$

□

ОПРЕДЕЛЕНИЕ 2.1.2. *Пусть дано множество A и целое число $n \geq 0$. Отображение*[2.2]

$$\omega : A^n \to A$$

*называется n-***арной операцией на множестве*** A или просто **операцией на множестве** A. Для любых $a_1, ..., a_n \in A$, мы пользуемся любой из форм записи $\omega(a_1, ..., a_n)$, $a_1...a_n\omega$ для обозначения образа отображения ω.* □

ЗАМЕЧАНИЕ 2.1.3. *Согласно определениям 2.1.1, 2.1.2, n-арная операция $\omega \in A^{A^n}$.* □

ОПРЕДЕЛЕНИЕ 2.1.4. **Область операторов** *- это ножество операторов*[2.3] Ω *вместе с отображением*

$$a : \Omega \to N$$

*Если $\omega \in \Omega$, то $a(\omega)$ называется **арностью** оператора ω. Если $a(\omega) = n$, то оператор ω называется n-***арным***. Мы пользуемся обозначением*

$$\Omega(n) = \{\omega \in \Omega : a(\omega) = n\}$$

для множества n-арных операторов. □

ОПРЕДЕЛЕНИЕ 2.1.5. *Пусть A - множество, а Ω - область операторов.*[2.4] *Семейство отображений*

$$\Omega(n) \to A^{A^n} \quad n \in N$$

называется **структурой Ω-алгебры** *на A. Множество A со структурой Ω-алгебры называется* **Ω-алгеброй** A_Ω *или* **универсальной алгеброй**. *Множество A называется* **носителем Ω-алгебры**. □

[2.1] Я следую определению из примера (iV), [3], страницы 17, 18.

[2.2] Определение 2.1.2 опирается на определение в примере (vi), страница [3]-26.

[2.3] Я следую определению 1, страница [3]-62.

[2.4] Я следую определению 2, страница [3]-62.

Область операторов Ω описывает множество Ω-алгебр. Элемент множества Ω называется оператором, так как операция предполагает некоторое множество. Согласно замечанию 2.1.3 и определению 2.1.5, каждому оператору $\omega \in \Omega(n)$ сопоставляется n-арная операция ω на A.

ОПРЕДЕЛЕНИЕ 2.1.6. *Пусть A, B - Ω-алгебры и $\omega \in \Omega(n)$. Отображение*[2.5]

$$f : A \to B$$

согласовано с операцией ω, *если, для любых $a_1, ..., a_n \in A$,*

(2.1.1) $$f(a_1)...f(a_n)\omega = f(a_1...a_n\omega)$$

Отображение f называется **гомоморфизмом** *Ω-алгебры A в Ω-алгебру B, если f согласовано с каждым $\omega \in \Omega$.* □

ОПРЕДЕЛЕНИЕ 2.1.7. *Гомоморфизм, источником и целью которого является одна и таже алгебра, называется* **эндоморфизмом**. *Мы обозначим $\mathrm{End}(\Omega; A)$ множество эндоморфизмов Ω-алгебры A. Эндоморфизм, который является изоморфизмом, называется* **автоморфизмом**. □

СОГЛАШЕНИЕ 2.1.8. *Элемент Ω-алгебры A называется* **A-числом**. *Например, комплексное число также называется C-числом, а кватернион называется H-числом.* □

2.2. Представление универсальной алгебры

ОПРЕДЕЛЕНИЕ 2.2.1. *Пусть множество A_2 является Ω_2-алгеброй. Пусть на множестве преобразований $\mathrm{End}(\Omega_2; A_2)$ определена структура Ω_1-алгебры. Гомоморфизм*

$$f : A_1 \to \mathrm{End}(\Omega_2; A_2)$$

Ω_1-алгебры A_1 в Ω_1-алгебру $\mathrm{End}(\Omega_2; A_2)$ называется **представлением Ω_1-алгебры** *или* **A_1-представлением** *в Ω_2-алгебре A_2.* □

Мы будем также пользоваться записью

$$f : A_1 \relbar\joinrel\twoheadrightarrow A_2$$

для обозначения представления Ω_1-алгебры A_1 в Ω_2-алгебре A_2.

ОПРЕДЕЛЕНИЕ 2.2.2. *Мы будем называть представление*

$$f : A_1 \relbar\joinrel\twoheadrightarrow A_2$$

Ω_1-алгебры A_1 **эффективным**,[2.6] *если отображение*

$$f : A_1 \to \mathrm{End}(\Omega_2; A_2)$$

является изоморфизмом Ω_1-алгебры A_1 в $\mathrm{End}(\Omega_2; A_2)$. □

[2.5] Я следую определению на странице [3]-63.

[2.6] Аналогичное определение эффективного представления группы смотри в [6], страница 16, [8], страница 111, [4], страница 51 (Кон называет такое представление точным).

Определение 2.2.3. *Пусть*

$$f : A_1 \overset{*}{\longrightarrow} A_2$$

представление Ω_1-алгебры A_1 в Ω_2-алгебре A_2 и

$$g : B_1 \overset{*}{\longrightarrow} B_2$$

представление Ω_1-алгебры B_1 в Ω_2-алгебре B_2. Для $i = 1$, 2, пусть отображение

$$r_i : A_i \to B_i$$

является гомоморфизмом Ω_j-алгебры. Матрица отображений $(r_1 \quad r_2)$ таких, что

$$(2.2.1) \qquad r_2 \circ f(a) = g(r_1(a)) \circ r_2$$

называется **морфизмом представлений из** f **в** g. *Мы также будем говорить, что определён* **морфизм представлений Ω_1-алгебры в Ω_2-алгебре**. $\qquad \square$

Замечание 2.2.4. *Мы можем рассматривать пару отображений r_1, r_2 как отображение*

$$F : A_1 \cup A_2 \to B_1 \cup B_2$$

такое, что

$$F(A_1) = B_1 \qquad F(A_2) = B_2$$

Поэтому в дальнейшем матрицу отображений $(r_1 \quad r_2)$ мы будем также называть отображением. $\qquad \square$

Определение 2.2.5. *Если представления f и g совпадают, то морфизм представлений $(r_1 \quad r_2)$ называется* **морфизмом представления** f. $\qquad \square$

Определение 2.2.6. *Пусть*

$$f : A_1 \overset{*}{\longrightarrow} A_2$$

представление Ω_1-алгебры A_1 в Ω_2-алгебре A_2 и

$$g : A_1 \overset{*}{\longrightarrow} B_2$$

представление Ω_1-алгебры A_1 в Ω_2-алгебре B_2. Пусть

$$\left(\mathrm{id} : A_1 \to A_1 \quad r_2 : A_2 \to B_2 \right)$$

морфизм представлений. В этом случае мы можем отождествить мор-
физм (id r₂) представлений Ω_1-алгебры и соответствующий гомомор-
*физм r₂ Ω_2-алгебры и будем называть гомоморфизм r₂ **приведенным мор-***
***физмом представлений**. Мы будем пользоваться диаграммой*

(2.2.2)

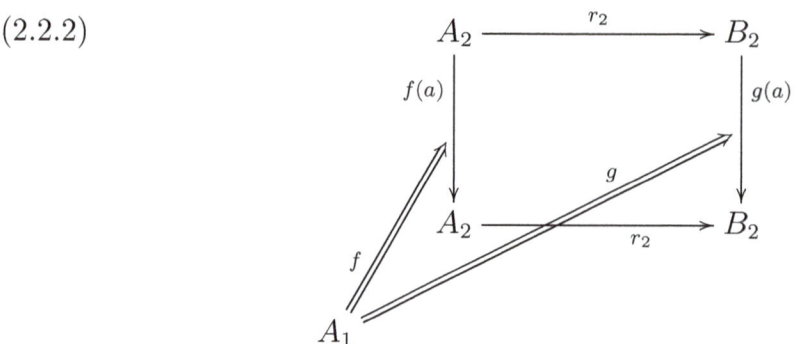

для представления приведенного морфизма r₂ представлений Ω_1-алгебры. Из
диаграммы следует

(2.2.3) $$r_2 \circ f(a) = g(a) \circ r_2$$

Мы будем также пользоваться диаграммой

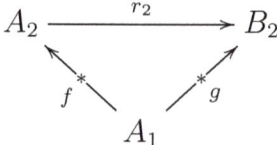

вместо диаграммы (2.2.2).   □

2.3. Ω-группа

ОПРЕДЕЛЕНИЕ 2.3.1. *Пусть в Ω-алгебре A определена операция сложе-*
ния. Отображение

$$f : A \to A$$

*Ω_1-алгебры A называется **аддитивным отображением**, если*

$$f(a + b) = f(a) + f(b)$$

                                                                                □

ОПРЕДЕЛЕНИЕ 2.3.2. *Отображение*

$$f : A^n \to A$$

*называется **полиаддитивным отображением**, если для любого i, $i = 1$,*
..., n,

$$f(a_1, ..., a_i + b_i, ..., a_n) = f(a_1, ..., a_i, ..., a_n) + f(a_1, ..., b_i, ..., a_n)$$

                                                                                □

ОПРЕДЕЛЕНИЕ 2.3.3. *Пусть в Ω_1-алгебре A определена операция сложения, которая не обязательно коммутативна. Мы пользуемся символом $+$ для обозначения операции суммы. Положим*

$$\Omega = \Omega_1 \setminus \{+\}$$

Если Ω_1-алгебра A является группой относительно операции сложения и любая операция $\omega \in \Omega$ является полиаддитивным отображением, то Ω_1-алгебра A называется **Ω-группой**. *Если Ω-группа A является ассоциативной группой относительно операции сложения, то Ω_1-алгебра A называется* **ассоциативной Ω-группой**. *Если Ω-группа A является абелевой группой относительно операции сложения, то Ω_1-алгебра A называется* **абелевой Ω-группой**. $\square$

ТЕОРЕМА 2.3.4. *Пусть $\omega \in \Omega(n)$. Операция ω* **дистрибутивна** *относительно сложения*

$$a_1...(a_i + b_i)...a_n\omega = a_1...a_i...a_n\omega + a_1...b_i...a_n\omega \quad i = 1,...,n$$

ДОКАЗАТЕЛЬСТВО. Теорема является следствием определений 2.3.2, 2.3.3. $\square$

ОПРЕДЕЛЕНИЕ 2.3.5. **Норма на Ω-группе A**[2.7] *- это отображение*

$$d \in A \to \|d\| \in R$$

такое, что

2.3.5.1: $\|a\| \geq 0$
2.3.5.2: $\|a\| = 0$ *равносильно* $a = 0$
2.3.5.3: $\|a + b\| \leq \|a\| + \|b\|$
2.3.5.4: $\| - a\| = \|a\|$

Ω-группа A, наделённая структурой, определяемой заданием на A нормы, называется **нормированной Ω-группой**. $\square$

ТЕОРЕМА 2.3.6. *Пусть A - нормированная Ω-группа. Тогда*

(2.3.1) $$\|a - b\| \geq |\|a\| - \|b\||$$

ДОКАЗАТЕЛЬСТВО. Теорема является следствием теоремы [2]-2.1.10. $\square$

ОПРЕДЕЛЕНИЕ 2.3.7. *Отображение*

$$f : A_1 \to A_2$$

нормированной Ω_1-группы A_1 с нормой $\|x\|_1$ в нормированную Ω_2-группу A_2 с нормой $\|y\|_2$ называется **непрерывным**, *если для любого сколь угодно малого $\epsilon > 0$ существует такое $\delta > 0$, что*

$$\|x' - x\|_1 < \delta$$

[2.7] Определение дано согласно определению из [5], гл. IX, §3, п°2, а также согласно определению [10]-1.1.12, с. 23.

влечёт

$$\|f(x') - f(x)\|_2 < \epsilon$$

$\square$

ТЕОРЕМА 2.3.8. *Отображение*

$$f : A_1 \to A_2$$

нормированной Ω_1-группы A_1 с нормой $\|x\|_1$ в нормированную Ω_2-группу A_2 с нормой $\|y\|_2$ непрерывно тогда и только тогда, когда прообраз открытого множества является открытым множеством.

ДОКАЗАТЕЛЬСТВО. Теорема является следствием теоремы [2]-2.3.3. $\square$

ТЕОРЕМА 2.3.9. *Пусть*

$$f : R \to R$$

непрерывное отображение поля действительных чисел. Тогда образ интервала является интервалом.

ДОКАЗАТЕЛЬСТВО. Теорема является следствием теоремы [2]-2.3.5. $\square$

ОПРЕДЕЛЕНИЕ 2.3.10. *Пусть A - нормированная Ω-группа. Для n-арной операции ω, величина*

$$(2.3.2) \qquad \|\omega\| = sup\frac{\|a_1...a_n\omega\|}{\|a_1\|...\|a_n\|}$$

называется **нормой операции** ω. $\square$

ТЕОРЕМА 2.3.11. *Пусть A - нормированная Ω-группа. Для n-арной операции ω,*

$$(2.3.3) \qquad \|a_1...a_n\omega\| \le \|\omega\|\|a_1\|...\|a_n\|$$

ОПРЕДЕЛЕНИЕ 2.3.12. *Пусть*

$$f : A_1 \multimap\!\!\to A_2$$

представление Ω_1-группы A_1 с нормой $\|x\|_1$ в Ω_2-группе A_2 с нормой $\|x\|_2$. Величина

$$(2.3.4) \qquad \|f\| = sup\frac{\|f(a_1)(a_2)\|_2}{\|a_1\|_1\|a_2\|_2}$$

называется **нормой представления** f. $\square$

ТЕОРЕМА 2.3.13. *Пусть*

$$f : A_1 \multimap\!\!\to A_2$$

представление Ω_1-группы A_1 с нормой $\|x\|_1$ в Ω_2-группе A_2 с нормой $\|x\|_2$. Тогда

$$(2.3.5) \qquad \|f(a_1)(a_2)\|_2 \le \|f\|\|a_1\|_1\|a_2\|_2$$

ДОКАЗАТЕЛЬСТВО. Теорема является следствием теоремы [2]-3.1.2. $\square$

ОПРЕДЕЛЕНИЕ 2.3.14. *Пусть A - нормированная Ω-группа. Пусть $a \in A$. Множество*

$$B_o(a, R) = \{b \in A : \|b - a\| < R\}$$

называется **открытым шаром** *с центром в a.* □

ОПРЕДЕЛЕНИЕ 2.3.15. *Пусть A - нормированная Ω-группа. Пусть $a \in A$. Множество*

$$B_c(a, R) = \{b \in A : \|b - a\| \leq R\}$$

называется **замкнутым шаром** *с центром в a.* □

ОПРЕДЕЛЕНИЕ 2.3.16. *Пусть A - нормированная Ω-группа. Множество $U \subset A$ называется* **открытым**,[2.8] *если для любого A-числа $a \in U$ существует $\epsilon \in R, \epsilon > 0$, такое, что $B_o(a, \epsilon) \subset U$.* □

ОПРЕДЕЛЕНИЕ 2.3.17. *Множество T топологического пространства называется* **компактным**, *если любое его открытое покрытие содержит конечное подпокрытие.*[2.9] □

ТЕОРЕМА 2.3.18. *Пусть C - компактное множество нормированной Ω-группы A. Тогда норма $\|x\|$, $x \in C$, ограничена сверху и снизу.*

ДОКАЗАТЕЛЬСТВО. Теорема является следствием теоремы [2]-2.3.11. □

ОПРЕДЕЛЕНИЕ 2.3.19. *Пусть A - нормированная Ω-группа. Элемент $a \in A$ называется* **пределом последовательности** a_n

$$a = \lim_{n \to \infty} a_n$$

если для любого $\epsilon \in R, \epsilon > 0$, существует, зависящее от ϵ, натуральное число n_0 такое, что $\|a_n - a\| < \epsilon$ для любого $n > n_0$. Мы будем также говорить, что **последовательность** a_n **сходится** *к a.* □

ОПРЕДЕЛЕНИЕ 2.3.20. *Пусть A - нормированная Ω-группа. Последовательность a_n, $a_n \in A$ называется* **фундаментальной** *или* **последовательностью Коши**, *если для любого $\epsilon \in R, \epsilon > 0$, существует, зависящее от ϵ, натуральное число n_0 такое, что $\|a_p - a_q\| < \epsilon$ для любых $p, q > n_0$.* □

ТЕОРЕМА 2.3.21. *Пусть A - нормированная Ω-группа. Пусть a_n, b_n, $n = 1, ...,$ - фундаментальные последовательности. Пусть*

$$(2.3.6) \qquad \lim_{n \to \infty} (a_n - b_n) = 0$$

[2.8] В топологии обычно сперва определяют открытое множество, а затем базу топологии. В случае метрического или нормированного пространства, удобнее дать определение открытого множества, опираясь на определение базы топологии. В этом случае определение основано на одном из свойств базы топологии. Непосредственная проверка позволяет убедиться, что определённое таким образом открытое множество удовлетворяет основным свойствам.

[2.9] Смотри также определение в [1], страница 98.

Если последовательность a_n сходится, то последовательность b_n сходится и

$$(2.3.7) \qquad \lim_{n \to \infty} a_n = \lim_{n \to \infty} b_n$$

Доказательство. Теорема является следствием теоремы [2]-2.1.21. $\square$

Определение 2.3.22. *Нормированная Ω-группа A называется* **полной** *если любая фундаментальная последовательность элементов Ω-группы A сходится, т. е. имеет предел в этой Ω-группе.* $\square$

Теорема 2.3.23. *Пусть A - нормированная Ω-группа. Для c_1, $c_2 \in A$, пусть $c_1 \in B_c(a_1, R_1)$, $c_2 \in B_c(a_2, R_2)$. Тогда*

$$(2.3.8) \qquad c_1 + c_2 \in B_c(a_1 + a_2, R_1 + R_2)$$

Доказательство. Теорема является следствием теоремы [2]-2.4.2. $\square$

Теорема 2.3.24. *Пусть $M(X, A)$ - множество отображений множества X в Ω-группу A. Мы можем определить структуру Ω-группы на множестве $M(X, A)$.*

Доказательство. Теорема является следствием теоремы [2]-2.6.1. $\square$

Так как X - произвольное множество, мы не можем определить норму в Ω-группе $M(X, A)$. Однако мы можем определить сходимость последовательности в $M(X, A)$; следовательно, мы можем определить топологию в $M(X, A)$.

Определение 2.3.25. *Пусть $f_n \in M(X, A)$, $n = 1, ...,$ - последовательность отображений в нормированную Ω-группу A. Отображение $f \in M(X, A)$ называется* **пределом последовательности** f_n, *если для любого $x \in X$*

$$f(x) = \lim_{n \to \infty} f_n(x)$$

Мы будем также говорить, что **последовательность f_n сходится** *к отображению f.* $\square$

Определение 2.3.26. *Пусть $f_n \in M(X, A)$, $n = 1, ...,$ - последовательность отображений в нормированную Ω-группу A.* **Последовательность f_n сходится равномерно** *к отображению f, если для любого $\epsilon \in R$, $\epsilon > 0$, существует N такое, что*

$$\|f_n(x) - f(x)\| < \epsilon$$

для любого $n > N$. $\square$

Теорема 2.3.27. *Последовательность отображений $f_n \in M(X, A)$, $n = 1, ...,$ в нормированную Ω-группу A сходится равномерно к отображению f, если для любого $\epsilon \in R$, $\epsilon > 0$, существует N такое, что*

$$(2.3.9) \qquad \|f_n(x) - f_m(x)\| < \epsilon$$

для любых n, $m > N$.

Доказательство. Теорема является следствием теоремы [2]-2.6.5.   □

Теорема 2.3.28. *Пусть последовательность отображений* $f_n \in M(X, A)$, $n = 1, \ldots,$ *в полную* Ω-*группу* A *сходится равномерно к отображению* f. *Пусть последовательность отображений* $g_n \in M(X, A)$, $n = 1, \ldots,$ *в полную* Ω-*группу* A *сходится равномерно к отображению* g. *Тогда последовательность отображений*

$$h_n = f_n + g_n$$

в полную Ω-*группу* A *сходится равномерно к отображению*

(2.3.10) $h = f + g$

Доказательство. Теорема является следствием теоремы [2]-2.6.7.   □

Теорема 2.3.29. *Пусть* A - *полная* Ω-*группа. Пусть* $\omega \in \Omega$ - n-*арная операция. Пусть последовательность отображений* $f_{i \cdot m} \in M(X, A)$, $i = 1, \ldots, n$, $m = 1, \ldots,$ *в полную* Ω-*группу* A *сходится равномерно к отображению* f_i. *Пусть множество значений отображения* f_i *компактно. Тогда последовательность отображений*

$$h_m = f_{1 \cdot m} \ldots f_{n \cdot m} \omega$$

в полную Ω-*группу* A *сходится равномерно к отображению*

(2.3.11) $h = f_1 \ldots f_n \omega$

Доказательство. Теорема является следствием теоремы [2]-2.6.8.   □

Теорема 2.3.30. *Представление*

$$f : A_1 \dashrightarrow A_2$$

Ω₁-*группы* A_1 *с нормой* $\|x\|_1$ *в* Ω₂-*группе* A_2 *с нормой* $\|x\|_2$ *порождает представление*

$$f_X : M(X, A_1) \dashrightarrow M(X, A_2)$$

Ω₁-*группы* $M(X, A_1)$ *в* Ω₂-*группе* $M(X, A_2)$ *где* ($g_1 \in M(X, A_1)$, $g_2 \in M(X, A_2)$)

(2.3.12)
$$f_X(g_1)(g_2) : X -> A_2$$
$$(f_X(g_1)(g_2))(x) = f(g_1(x))(g_2(x))$$

Доказательство. Теорема является следствием теоремы [2]-3.2.1.   □

Теорема 2.3.31. *Пусть*

$$f : A_1 \dashrightarrow A_2$$

представление полной Ω₁-*группы* A_1 *с нормой* $\|x\|_1$ *в полной* Ω₂-*группе* A_2 *с нормой* $\|x\|_2$. *Пусть последовательность отображений* $g_{1 \cdot n} \in M(X, A_1)$, $n = 1, \ldots,$ *сходится равномерно к отображению* g_1. *Пусть последовательность отображений* $g_{2 \cdot n} \in M(X, A_2)$, $n = 1, \ldots,$ *сходится равномерно к отображению* g_2. *Пусть множество значений отображения* g_i, $i = 1, 2$, *компактно. Тогда последовательность отображений* $f_X(g_{1 \cdot n})(g_{2 \cdot n})$ *сходится равномерно к отображению* $f_X(g_1)(g_2)$.

ДОКАЗАТЕЛЬСТВО. Теорема является следствием теоремы [2]-3.2.2. □

Глава 3

Мера

3.1. Алгебра множеств

ОПРЕДЕЛЕНИЕ 3.1.1. *Непустая система множеств $\mathcal{S}$ называется* **полукольцом множеств,** [3.1] *если*

3.1.1.1: $\emptyset \in \mathcal{S}$

3.1.1.2: *Если* $A, B \in \mathcal{S}$, *то* $A \cap B \in \mathcal{S}$

3.1.1.3: *Если* $A, A_1 \in \mathcal{S}, A_1 \subset A$, *то множество* A *может быть представлено в виде*

$$(3.1.1) \qquad A = \bigcup_{i=1}^{n} A_i \quad A_i \in \mathcal{S}$$

где $i \neq j => A_i \cap A_j = \emptyset$

Представление (3.1.1) *множества* A *называется* **конечным разложением множества** A. $\qquad\square$

ОПРЕДЕЛЕНИЕ 3.1.2. *Непустая система множеств $\mathcal{R}$ называется* **кольцом множеств,** [3.2] *если условие* $A, B \in \mathcal{R}$ *влечёт* $A \triangle B, A \cap B \in \mathcal{R}$. *Множество* $E \in \mathcal{R}$ *называется* **единицей кольца множеств,** *если*

$$A \cap E = A$$

Кольцо множеств с единицей называется **алгеброй множеств.** $\qquad\square$

ЗАМЕЧАНИЕ 3.1.3. *Для любых* A, B

$$A \cup B = (A \triangle B) \triangle (A \cap B)$$
$$A \setminus B = A \triangle (A \cap B)$$

Следовательно, если $A, B \in \mathcal{R}$, *то* $A \cup B \in \mathcal{R}, A \setminus B \in \mathcal{R}$. $\qquad\square$

ТЕОРЕМА 3.1.4. *Кольцо множеств $\mathcal{R}$ является полукольцом.*

ДОКАЗАТЕЛЬСТВО. Пусть $A, A_1 \in \mathcal{R}, A_1 \subset A$. Тогда

$$A = A_1 \cup A_2$$

где

$$A_2 = A \setminus A_1 \in \mathcal{R}$$

$\qquad\square$

[3.1]Смотри так же определение [1]-2, страница 43.

[3.2]Смотри так же определение [1]-1, страница 41.

ТЕОРЕМА 3.1.5. *Пересечение* $\mathcal{R} = \bigcap \mathcal{R}_i$ *любого множества колец явля-*
ется кольцом. [3.3]

ДОКАЗАТЕЛЬСТВО. Пусть $A, B \in \mathcal{R}$. Тогда для любого i, $A, B \in \mathcal{R}_i$.
Согласно определению 3.1.2, для любого i, $A \triangle B, A \cap B \in \mathcal{R}_i$. Следовательно, $A \triangle B, A \cap B \in \mathcal{R}$. Согласно определению 3.1.2, множество $\mathcal{R}$ является
кольцом множеств. $\square$

ТЕОРЕМА 3.1.6. *Для любой непустой системы множеств* $\mathcal{C}$, *существует*
одно и только одно кольцо множеств [3.4] $\mathcal{R}(\mathcal{C})$, *содержащее* $\mathcal{C}$ *и содержа-*
щееся в любом кольце множеств $\mathcal{R}$ *таком, что* $\mathcal{C} \subset \mathcal{R}$.

ДОКАЗАТЕЛЬСТВО. Пусть кольца множеств $\mathcal{R}_1, \mathcal{R}_2, \mathcal{R}_1 \neq \mathcal{R}_2$, удовлетворяют условию теоремы. Согласно теореме 3.1.5, множество $\mathcal{R}_1 \cap \mathcal{R}_2$, является
кольцом множеств, удовлетворяющим условию теоремы. Следовательно, если
кольцо множеств $\mathcal{R}(\mathcal{C})$ сущестауер, то оно единственно.

Пусть

$$R = \bigcup_{X \in \mathcal{C}} X$$

Множество $\mathcal{B}(R)$ всех подмножеств множества R является кольцом множеств
и $\mathcal{C} \subseteq \mathcal{B}(R)$. Пусть Σ - совокупность колец множеств $\mathcal{R}$ таких, что $\mathcal{C} \subseteq \mathcal{R} \subseteq$
$\mathcal{B}(R)$. Тогда, согласно теореме 3.1.5, множество $\mathcal{P} = \bigcap_{\mathcal{R} \in \Sigma} \mathcal{R}$ является кольцом

множеств, которое удовлетворяет теореме. $\square$

ТЕОРЕМА 3.1.7. *Пусть* $\mathcal{C}$ - *непустая система множеств. Пусть*

$$(3.1.2) \qquad\qquad R = \bigcup_{X \in \mathcal{C}} X$$

Если

$$(3.1.3) \qquad\qquad R \in \mathcal{C}$$

то кольцо множеств $\mathcal{R}(\mathcal{C})$ *является алгеброй множеств.*

ДОКАЗАТЕЛЬСТВО. Множество $\mathcal{B}(R)$ всех подмножеств множества R яв-
ляется кольцом множеств и $\mathcal{C} \subseteq \mathcal{B}(R)$. Пусть Σ - совокупность колец множеств $\mathcal{R}$ таких, что

$$(3.1.4) \qquad\qquad \mathcal{C} \subseteq \mathcal{R} \subseteq \mathcal{B}(R)$$

Из (3.1.3), (3.1.4) следует, что $R \in \mathcal{R}$ для любого $\mathcal{R} \in \Sigma$. Тогда, согласно
теореме 3.1.5, множество $\mathcal{P} = \bigcap_{\mathcal{R} \in \Sigma} \mathcal{R}$ является наименьшим кольцом мно-

жеств таким, что $R \in \mathcal{P}, \mathcal{C} \subseteq \mathcal{P}$. Из (3.1.2) следует, что $R \cap A = A$ для
любого множества $A \in \mathcal{P}$. Согласно определению 3.1.2, кольцо множеств $\mathcal{P}$
является алгеброй множеств. $\square$

[3.3]Смотри также теорему [1]-1 на странице 42.

[3.4]Смотри также теорему [1]-2 на странице 42.

ТЕОРЕМА 3.1.8. *Для любой непустой системы множеств $\mathcal{C}$, существует одна и только одна алгебра множеств $\mathcal{A}(\mathcal{C})$, содержащая $\mathcal{C}$ и содержащаяся в любой алгебре множеств $\mathcal{R}$ такой, что $\mathcal{C} \subset \mathcal{R}$.*

ДОКАЗАТЕЛЬСТВО. Пусть

$$R = \bigcup_{X \in \mathcal{C}} X$$

Теорема следует из теорем 3.1.6, 3.1.7, если мы положим

$$\mathcal{A}(\mathcal{C}) = \mathcal{R}(\{R\} \cup \mathcal{C})$$

$\square$

ЛЕММА 3.1.9. *Пусть* [3.5] *$\mathcal{S}$ - полукольцо. Пусть A, A_1, ..., $A_n \in \mathcal{S}$, $i \neq j \Rightarrow A_i \cap A_j = \emptyset$. Тогда существует конечное разложение множества A*

$$A = \bigcup_{i=1}^{s} A_i \quad s \geq n$$

ДОКАЗАТЕЛЬСТВО. Для $n = 1$ лемма следует из утверждения 3.1.1.3.

Пусть лемма верна для $n = m$. Пусть множества A_1, ..., A_{m+1} удовлетворяют условию леммы. Согласно предположению

(3.1.5) $A = A_1 \cup ... \cup A_m \cup B_1 \cup ... \cup B_p$

где $B_i \in \mathcal{S}$, $i = 1, ..., p$, $i \neq j \Rightarrow A_i \cap A_j = \emptyset$, $A_i \cap B_j = \emptyset$, $i \neq j \Rightarrow B_i \cap B_j = \emptyset$. Согласно утверждению 3.1.1.2

(3.1.6) $B_{i \cdot 1} = A_{m+1} \cap B_i \in \mathcal{S}$

Согласно утверждению 3.1.1.3

(3.1.7) $B_i = B_{i \cdot 1} \cup ... \cup B_{i \cdot r_s} \quad B_{i \cdot j} \in \mathcal{S}$

Так как $A_{m+1} \subset B_1 \cup ... \cup B_p$, то

$$A = A_1 \cup ... \cup A_m \cup A_{m+1} \cup \bigcup_{i=1}^{p} \bigcup_{j=2}^{r_i} B_{i \cdot j}$$

является следствием (3.1.5), (3.1.6), (3.1.7). Следовательно, лемма верна для $n = m + 1$.

Согласно математической индукции, лемма верна для любого n. $\square$

ЛЕММА 3.1.10. *Для любой конечной системы множеств A_1, ..., $A_n \in \mathcal{S}$ существует конечная система множеств B_1, ..., $B_t \in \mathcal{S}$, $i \neq j \Rightarrow B_i \cap B_j = \emptyset$, такая, что*

(3.1.8) $$A_i = \bigcup_{j \in M_i} B_j$$

где $M_i \subset \{1, ..., t\}$.

[3.5]Леммы 3.1.9, 3.1.10 и теорема 3.1.11 аналогичны леммам 1, 2 и теореме 3, [1], страницы 43, 45.

Доказательство. Для $n = 1$ лемма очевидна, так как достаточно положить $t = 1$, $B_1 = A_1$.

Пусть лемма верна для $n = m$. Рассмотрим систему множеств A_1, ..., A_{m+1}. Пусть $B_i \in \mathcal{S}$, $i = 1, ..., p$, - множества, удовлетворяющие условию леммы по отношению к A_1, ..., A_m. Согласно утверждению 3.1.1.2

$$(3.1.9) \qquad B_{i \cdot 1} = A_{m+1} \cap B_i \in \mathcal{S}$$

Согласно утверждению 3.1.1.3

$$(3.1.10) \qquad B_i = B_{i \cdot 1} \cup ... \cup B_{i \cdot r_s} \quad B_{i \cdot j} \in \mathcal{S}$$

Разложение

$$(3.1.11) \qquad A_{m+1} = \bigcup_{s=1}^{t} B_{s \cdot 1} \cup \bigcup_{p=1}^{q} B'_p \quad B'_p \in \mathcal{S}$$

следует из леммы 3.1.9. Разложение

$$A_i = \bigcup_{j \in M_i} \bigcup_{p=1}^{r_j} B_{j \cdot p}$$

следует из равенств (3.1.8), (3.1.10). Из равенств (3.1.9), (3.1.11) следует, что $B_i \cap B'_p = \emptyset$. Следовательно, из равенства (3.1.10) следует, что $B_{i \cdot j} \cap B'_p = \emptyset$. Следовательно, множества $B_{i \cdot j}$, B'_p удовлетворяют условиям леммы по отношению к A_1, ..., A_{m+1}. Следовательно, лемма верна для $n = m + 1$.

Согласно математической индукции, лемма верна для любого n. $\qquad \square$

Теорема 3.1.11. *Пусть $\mathcal{S}$ - полукольцо множеств. Система $\mathcal{R}$ множеств A, которые имеют конечное разложение*

$$A = \bigcup_{i=1}^{n} A_i \quad A_i \in \mathcal{S}$$

является **кольцом множеств, порождённым полукольцом множеств** $\mathcal{S}$.

Доказательство. Пусть A, $B \in \mathcal{R}$ Тогда

$$(3.1.12) \qquad A = \bigcup_{i=1}^{n} A_i \quad A_i \in \mathcal{S}$$

$$(3.1.13) \qquad B = \bigcup_{i=1}^{m} B_i \quad B_i \in \mathcal{S}$$

Из (3.1.12), (3.1.13) и утверждения 3.1.1.2 следует, что

$$C_{ij} = A_i \cap B_j \in \mathcal{S}$$

Согласно лемме 3.1.9

$$(3.1.14)$$

$$A_i = \bigcup_{j=1}^{m} C_{ij} \cup \bigcup_{k=1}^{r_i} D_{ik} \quad D_{ik} \in \mathcal{S}$$

$$B_j = \bigcup_{i=1}^{n} C_{ij} \cup \bigcup_{k=1}^{s_j} E_{kj} \quad E_{kj} \in \mathcal{S}$$

Из (3.1.14) следует, что

$$A \cup B = \bigcup_{ij} C_{ij} \in \mathcal{R}$$

$$A \triangle B = \bigcup_{ik} D_{ik} \cup \bigcup_{jl} E_{jl} \in \mathcal{R}$$

Следовательно, $\mathcal{R}$ является кольцом множеств. $\quad\square$

ТЕОРЕМА 3.1.12. *Пусть полукольцо множеств $\mathcal{C}$ содержит единицу. Тогда кольцо множеств $\mathcal{R}(\mathcal{C})$ является алгеброй множеств.*

ДОКАЗАТЕЛЬСТВО. Теорема является следствием теорем 3.1.8, 3.1.11. $\quad\square$

ОПРЕДЕЛЕНИЕ 3.1.13. *Кольцо множеств $\mathcal{R}$ называется σ-**кольцом множеств**,*[3.6] *если условие $A_i \in \mathcal{R}, i = 1, ..., n, ...,$ влечёт*

$$\bigcup_n A_n \in \mathcal{R}$$

*σ-Кольцо множеств с единицей называется σ-**алгеброй множеств**.* $\quad\square$

ТЕОРЕМА 3.1.14. *Пересечение $\mathcal{R} = \bigcap \mathcal{R}_i$ любого множества σ-колец является σ-кольцом.*[3.7]

ДОКАЗАТЕЛЬСТВО. Если $A_i \in \mathcal{R}, i = 1, ..., n, ...,$. то для любых i, j, $A_i \in \mathcal{R}_j$. Следовательно, для любого j,

$$\bigcup_i A_i \in \mathcal{R}_j$$

Следовательно,

$$\bigcup_i A_i \in \mathcal{R}$$

Согласно определению 3.1.13, множество $\mathcal{R}$ является σ-кольцом множеств.
$\quad\square$

ТЕОРЕМА 3.1.15. *Для любой непустой системы множеств $\mathcal{C}$, существует одно и только одно σ-кольцо множеств*[3.8] *$\mathcal{R}_\sigma(\mathcal{C})$, содержащее $\mathcal{C}$ и содержащееся в любом σ-кольце множеств $\mathcal{R}$ таком, что $\mathcal{C} \subset \mathcal{R}$.*

[3.6]Смотри аналогичное определение в [1], страница 45, определение 3.

[3.7]Смотри также теорему [1]-1 на странице 42.

[3.8]Смотри также теорему [1]-2 на странице 42.

Доказательство. Пусть σ-кольца множеств $\mathcal{R}_1$, $\mathcal{R}_2$, $\mathcal{R}_1 \neq \mathcal{R}_2$, удовлетворяют условию теоремы. Согласно теореме 3.1.14, множество $\mathcal{R}_1 \cap \mathcal{R}_2$, является σ-кольцом множеств, удовлетворяющим условию теоремы. Следовательно, если σ-кольцо множеств $\mathcal{R}_\sigma(\mathcal{C})$ существует, то оно единственно.

Пусть

$$R = \bigcup_{X \in \mathcal{C}} X$$

Множество $\mathcal{B}(R)$ всех подмножеств множества R является σ-кольцом множеств и $\mathcal{C} \subseteq \mathcal{B}(R)$. Пусть Σ - совокупность σ-колец множеств $\mathcal{R}$ таких, что $\mathcal{C} \subseteq \mathcal{R} \subseteq \mathcal{B}(R)$. Тогда, согласно теореме 3.1.5, множество $\mathcal{P} = \bigcap_{\mathcal{R} \in \Sigma} \mathcal{R}$ является

σ-кольцом множеств, которое удовлетворяет теореме. $\square$

Теорема 3.1.16. *Для любой непустой системы множеств $\mathcal{C}$, существует одна и только одна σ-алгебра множеств $\mathcal{A}_\sigma(\mathcal{C})$, содержащая $\mathcal{C}$ и содержащаяся в любой σ-алгебре множеств $\mathcal{R}$ такой, что $\mathcal{C} \subset \mathcal{R}$.*

Доказательство. Пусть

$$R = \bigcup_{X \in \mathcal{C}} X$$

Теорема следует из теорем 3.1.15, 3.1.7, если мы положим

$$\mathcal{A}_\sigma(\mathcal{C}) = \mathcal{R}_\sigma(\{R\} \cup \mathcal{C})$$

$\square$

3.2. Мера

Определение 3.2.1. *Пусть $\mathcal{C}_m$ - полукольцо множеств.*[3.9] *Отображение*

$$m : \mathcal{C}_m \to R$$

называется **мерой**, *если*

3.2.1.1: $m(A) \geq 0$

3.2.1.2: *Отображение m аддитивно. Если множество $A \in \mathcal{C}_m$ имеет конечное разлоение*

$$A = \bigcup_{i=1}^{n} A_i \quad A_i \in \mathcal{C}_m$$

где $i \neq j => A_i \cap A_j = \emptyset$, то

$$m(A) = \sum_{i=1}^{n} m(A_i)$$

$\square$

[3.9]Смотри также определение [1]-1 на странице 265.

Теорема 3.2.2. $m(\emptyset) = 0$.

Доказательство. Так как $\emptyset = \emptyset \cup \emptyset, \; \emptyset \cap \emptyset = \emptyset,$ то теорема является следствием утверждений 3.1.1.1, 3.2.1.2. $\square$

Определение 3.2.3. *Мера μ называется* [3.10] **продолжением меры** m, *если* $\mathcal{C}_m \subseteq \mathcal{C}_\mu$ *и* $\mu(A) = m(A), \; A \in \mathcal{C}_m$. $\square$

Теорема 3.2.4. *Пусть* [3.11] $\mathcal{R}(\mathcal{C}_m)$ *- кольцо множеств, порождённое полукольцом множеств $\mathcal{C}_m$. Для меры m, заданной на полукольце множеств $\mathcal{C}_m$, существует одно и только одно продолжение μ, заданное на кольце множеств $\mathcal{R}(\mathcal{C}_m)$.*

Доказательство. Согласно теореме 3.1.11, для каждого множества $A \in \mathcal{R}(\mathcal{C}_m)$ существует конечное разложение

$$(3.2.1) \qquad\qquad A = \bigcup_{i=1}^{n} A_i \quad A_i \in \mathcal{C}_m$$

где $i \neq j => A_i \cap A_j = \emptyset$. Положим

$$(3.2.2) \qquad\qquad \mu(A) = \sum_{i=1}^{n} m(A_i)$$

Если существует два конечных разложения

$$A = \bigcup_{i=1}^{n} A_i = \bigcup_{j=1}^{m} B_j \quad A_i, B_j \in \mathcal{C}_m$$

Так как $A_i \cap B_j \in \mathcal{C}_m$ согласно утверждению 3.1.1.2, то

$$\sum_{i=1}^{n} m(A_i) = \sum_{i=1}^{n} \sum_{j=1}^{m} m(A_i \cap B_j) = \sum_{j=1}^{m} m(B_j)$$

следует из утверждения 3.2.1.2. Следовательно, величина $\mu(A)$, определённая равенством (3.2.2), не зависит от выбора конечного разложения (3.2.1).

Следовательно, мы построили отображение

$$\mu : \mathcal{R}(\mathcal{C}_m) \to R$$

которое удовлетворяет определению 3.2.1.

Для любого продолжения μ' меры m и для конечного разложения (3.2.1), из утверждения 3.2.1.2 и определения 3.2.3 следует, что

$$\mu'(A) = \sum_{i=1}^{n} \mu'(A_i) = \sum_{i=1}^{n} \mu(A_i) = \mu(A)$$

Следовательно, мера μ' совпадает с мерой μ, определённой равенством (3.2.2). $\square$

[3.10] Смотри также определение [1]-2 на странице 266.

[3.11] Смотри также теорему [1]-1 на странице 266.

Определение 3.2.5. *Мера μ называется* **полной**, *если из условий* $B \subset A$, $\mu(A) = 0$ *следует, что множество B измеримо.* $\quad\square$

Теорема 3.2.6. *Пусть на множестве X определена мера μ. Пусть*[3.12]

$$(3.2.3) \qquad\qquad A \subset B \quad A, B \in \mathcal{C}_\mu$$

Тогда

$$(3.2.4) \qquad\qquad \mu(A) \leq \mu(B)$$

Доказательство. Равенство

$$(3.2.5) \qquad\qquad B = A \cup (B \setminus A)$$

следует из утверждения (3.2.3). Согласно замечанию 3.1.3, из утверждения (3.2.3) следует, что

$$B \setminus A \in \mathcal{C}_\mu$$

Равенство

$$(3.2.6) \qquad\qquad \mu(B) = \mu(A) + \mu(B \setminus A)$$

следует из равенства (3.2.5). Согласно утверждению 3.2.10.1,

$$(3.2.7) \qquad\qquad \mu(B \setminus A) \geq 0$$

Утверждение (3.2.4) является следствием утверждений 3.2.10.2, (3.2.6). $\quad\square$

Теорема 3.2.7. *Пусть на множестве X определена мера μ. Пусть*

$$A \subset \bigcup_i A_i \quad A, A_i \in \mathcal{C}_\mu$$

где $\{A_i\}$ конечная или счётная система множеств. Тогда

$$\mu(A) \leq \mu(B)$$

Доказательство. Мы докажем теорему для случая 2 множеств. Общий случай легко доказать методом математической индукции. Если

$$A \subseteq A_1 \cup A_2$$

то теорема следует из теоремы 3.2.6, утверждения

$$\mu(A_1 \cup A_2) = \mu(A_1) + \mu(A_2) - \mu(A_1 \cap A_2) \leq \mu(A_1) + \mu(A_2)$$

и утверждения 3.2.10.1. $\quad\square$

Теорема 3.2.8. *Пусть на множестве X определена полная мера μ. Пусть*

$$A \subset B \quad A, B \in \mathcal{C}_\mu$$

Если $\mu(B) = 0$, то $\mu(A) = 0$.

Доказательство. Теорема является следствием определения 3.2.5 и теоремы 3.2.6. $\quad\square$

[3.12]Смотри также теорему [1]-2, с. 267.

ЗАМЕЧАНИЕ 3.2.9. *Мы будем полагать, что рассматриваемая мера является полной мерой.* □

ОПРЕДЕЛЕНИЕ 3.2.10. *Пусть $\mathcal{C}_\mu$ - σ-алгебра множеств множества F.*[3.13] *Отображение*

$$\mu : \mathcal{C}_\mu \to R$$

*в поле действительных чисел R называется σ-**аддитивной мерой**, если для любого множества $X \in \mathcal{C}_\mu$ выполнены следующие условия.*

3.2.10.1: $\mu(X) \geq 0$

3.2.10.2: *Пусть*

$$X = \bigcup_i X_i \quad i \neq j => X_i \cap X_j = \emptyset$$

конечное или счётное объединение множеств $X_n \in \mathcal{C}_\mu$. Тогда

$$\mu(X) = \sum_i \mu(X_i)$$

где ряд в правой части сходится абсолютно.

□

ТЕОРЕМА 3.2.11. *Пусть m - σ-аддитивная мера, определённая на полукольце множеств $\mathcal{C}_m$. Тогда продолжение μ меры m, заданное на кольце множеств $\mathcal{R}(\mathcal{C}_m)$, является σ-аддитивной мерой.*

ДОКАЗАТЕЛЬСТВО. Пусть $A, B_n \in \mathcal{R}(\mathcal{C}_m)$, $n = 1, 2, ..., i \neq j => B_i \cap B_j = \emptyset$. Пусть

$$A = \bigcup_{n=1}^{\infty} B_n$$

Согласно теореме 3.1.11, существуют конечные разложения

$$(3.2.8) \qquad A = \bigcup_j A_j \quad B_n = \bigcup_j B_{nj}$$

где

$$A_k \cap A_l = \emptyset \quad B_{nk} \cap B_{nl} = \emptyset \quad k \neq l$$

Пусть $C_{nil} = B_{ni} \cap A_l$. Очевидно, что множества C_{nil} попарно не пересекаются и

$$(3.2.9) \qquad A_j = \bigcup_{n=1}^{\infty} \bigcup_i C_{nij} \quad B_{ni} = \bigcup_j C_{nij}$$

[3.13]Смотри аналогичные определения в [1], определение 1 на странице 265 и определение 3 на странице 268.

Из равенства (3.2.9) и утверждения 3.2.10.2 следует, что

(3.2.10)
$$m(A_j) = \sum_{n=1}^{\infty} \sum_i m(C_{nij})$$
$$m(B_{ni}) = \sum_j m(C_{nij})$$

Из равенства (3.2.8) и теоремы 3.2.4 следует, что

(3.2.11)
$$\mu(A) = \sum_j m(A_j)$$
$$\mu(B_n) = \sum_i m(B_{ni})$$

Равенство

$$\mu(A) = \sum_{n=1}^{\infty} \mu(B_n)$$

является следствием (3.2.10), (3.2.11).   □

ТЕОРЕМА 3.2.12 (Непрерывность σ-аддитивной меры). *Пусть*[3.14]

(3.2.12) $$A_1 \supset A_2 \supset \ldots$$

последовательность μ-измеримых множеств. Тогда

$$\mu(A) = \lim_{n \to \infty} \mu(A_n)$$

где $A = \bigcap_n A_n$.

ДОКАЗАТЕЛЬСТВО. Мы рассмотрим случай $A = \emptyset$. Общий случай сводится к этому заменой A_n на $A_n \setminus A$. Согласно утверждению (3.2.12)

(3.2.13) $$A_n = (A_n \setminus A_{n+1}) \cup (A_{n+1} \setminus A_{n+2}) \cup \ldots \quad n = 1, \ldots$$

Согласно утверждению 3.2.10.2, равенство

(3.2.14) $$\mu(A_n) = \sum_{k=n}^{\infty} \mu(A_k \setminus A_{k+1}) \quad n = 1, \ldots$$

следует из (3.2.13). Поскольку ряд (3.2.14) для $n = 1$ сходится, его остаток (3.2.14) стремится к 0, когда $n \to \infty$. Следовательно,

$$\lim_{n \to \infty} \mu(A_n) = 0$$

                                                                        □

[3.14]Смотри также теорему [1]-9 на странице 261.

Теорема 3.2.13 (Непрерывность σ-аддитивной меры). *Пусть*[3.15]

$$A_1 \subset A_2 \subset \ldots$$

последовательность μ-измеримых множеств. Тогда

$$\mu(A) = \lim_{n \to \infty} \mu(A_n)$$

где $A = \bigcup_n A_n$.

Доказательство. Теорема следует из теоремы 3.2.12, если мы рассмотрим множества $X \setminus A_n$. $\qquad\square$

3.3. Лебегово продолжение меры

Определение 3.3.1. *Пусть m - σ-аддитивная мера на полукольце $\mathcal{S}$ с единицей E.*[3.16] **Внешняя мера** *множества $A \subseteq E$ определена равенством*

$$\mu^*(A) = \inf_{A \subseteq \bigcup_k B_k} \sum_k m(B_k)$$

где точная верхняя грань берётся по всем покрытиям множества A конечными или счётными системами множеств $B_n \in \mathcal{S}$. $\qquad\square$

Теорема 3.3.2 (счётная полуаддитивность). *Если*[3.17]

$$(3.3.1) \qquad A \subseteq \bigcup_n A_n$$

где $\{A_n\}$ - конечная или счётная система множеств, то

$$(3.3.2) \qquad \mu^*(A) \le \sum_n \mu^*(A_n)$$

Доказательство. Согласно определению 3.3.1, для каждого A_n существует конечная или счётная система множеств $\{P_{nk}\}$ такая, что

$$(3.3.3) \qquad A_n \subseteq \bigcup_k P_{nk}$$

$$(3.3.4) \qquad \sum_k m(P_{nk}) \le \mu^*(A_n) + \frac{\epsilon}{2^n}$$

Из (3.3.1), (3.3.3) следует, что

$$(3.3.5) \qquad A \subseteq \bigcup_n \bigcup_k P_{nk}$$

[3.15]Смотри также следствие теоремы [1]-9 на страницах 261, 262.

[3.16]Смотри определение [1]-1, страница 272.

[3.17]Смотри также теоремы [1]-3 на страницах 256, 257, [1]-1 на странице 272.

Согласно утверждению (3.3.5) и определению 3.3.1, неравенство

$$(3.3.6) \qquad \mu^*(A) \leq \sum_n \sum_k m(P_{nk}) \leq \sum_n \mu^*(A_n) + \epsilon$$

следует из неравенства (3.3.4). (3.3.2) является следствием (3.3.6), так как ϵ произвольно. $\qquad\square$

ТЕОРЕМА 3.3.3. *Для любых множеств A, B,*

$$(3.3.7) \qquad |\mu^*(A) - \mu^*(B)| \leq \mu^*(A\Delta B)$$

ДОКАЗАТЕЛЬСТВО. Если $\mu^*(A) \geq \mu^*(B)$, то утверждение

$$(3.3.8) \qquad \mu^*(A) \leq \mu^*(B) + \mu(A\Delta B)$$

является следствием утверждения

$$A \subseteq B \cup (A\Delta B)$$

и теоремы 3.3.2. Если $\mu^*(B) \geq \mu^*(A)$, то утверждение

$$(3.3.9) \qquad \mu^*(B) \leq \mu^*(A) + \mu(A\Delta B)$$

является следствием утверждения

$$B \subseteq A \cup (A\Delta B)$$

и теоремы 3.3.2. Утверждение (3.3.7) является следствием утверждений (3.3.8), (3.3.9). $\qquad\square$

ОПРЕДЕЛЕНИЕ 3.3.4. *Множество A называется* **измеримым по Лебегу**, *для любого* $\epsilon \in R, \epsilon > 0$, *существует* $B \in \mathcal{R}(\mathcal{S})$ *такое, что*[3.18]

$$\mu^*(A\Delta B) < \epsilon$$

$\qquad\square$

Пусть $\mathcal{C}_\mu$ - система измеримых по Лебегу множеств.

ТЕОРЕМА 3.3.5. *Пусть m - σ-аддитивная мера на полукольце $\mathcal{S}$ с единицей E.*[3.19] *Если множество A измеримо по Лебегу, то множество $E \setminus A$ также измеримо по Лебегу.*

ДОКАЗАТЕЛЬСТВО. Пусть A - множество, измеримое по Лебегу. Согласно определению 3.3.4, для любого $\epsilon \in R, \epsilon > 0$, существует $B \in \mathcal{R}(\mathcal{S})$ такое, что

$$(3.3.10) \qquad \mu^*(A\Delta B) < \epsilon$$

Согласно замечанию 3.1.3, $E \setminus B \in \mathcal{R}(\mathcal{S})$. Утверждение

$$\mu^*((E \setminus A)\Delta(E \setminus B)) < \epsilon$$

[3.18]Смотри определение [1]-2, страница 272.

[3.19]Смотри также замечание в [1] после определения 2 на странице 272.

следует из утверждения (3.3.10) и равенства

$$A \Delta B = (E \setminus A) \Delta (E \setminus B)$$

$\square$

ТЕОРЕМА 3.3.6. *Пусть* $A_1, A_2 \in \mathcal{C}_\mu$. *Тогда* $A = A_1 \setminus A_2 \in \mathcal{C}_\mu$.

ДОКАЗАТЕЛЬСТВО. Согласно определению 3.3.4, для любого $\epsilon \in R, \epsilon > 0$, существуют $B_1, B_2 \in \mathcal{R}(\mathcal{S})$ такое, что

(3.3.11)
$$\mu^*(A_1 \Delta B_1) < \frac{\epsilon}{2}$$
$$\mu^*(A_2 \Delta B_2) < \frac{\epsilon}{2}$$

Согласно замечанию 3.1.3, $B = B_1 \setminus B_2 \in \mathcal{R}(\mathcal{S})$. Утверждение

$$\mu^*(A \Delta B) < \epsilon$$

следует из утверждения (3.3.11), утверждения

$$(A_1 \setminus A_2) \Delta (B_1 \setminus B_2) \subseteq (A_1 \Delta B_1) \cup (A_2 \Delta B_2)$$

и теоремы 3.3.2. $\square$

ТЕОРЕМА 3.3.7. *Пусть* m - σ-аддитивная мера на полукольце $\mathcal{S}$ с единицей E.[3.20] *Пусть* μ - продолжение меры m на кольцо множеств $\mathcal{R}(\mathcal{S})$. *Любое множество* $A \in \mathcal{R}(\mathcal{S})$ *измеримо по Лебегу и*

(3.3.12)
$$\mu^*(A) = \mu(A)$$

ДОКАЗАТЕЛЬСТВО. Пусть $A \in \mathcal{R}(\mathcal{S})$. Согласно определению 3.1.1 и теореме 3.1.11, множество A может быть представлено в виде

$$A = \bigcup_{i=1}^{n} A_i \quad A_i \in \mathcal{S}$$

где $i \neq j => A_i \cap A_j = \emptyset$. Согласно теореме 3.2.4,

(3.3.13)
$$\mu(A) = \sum_{i=1}^{n} m(A_i)$$

Согласно определению 3.3.1, так как множества A_i покрывают множество A, то

(3.3.14)
$$\mu^*(A) \leq \sum_{i=1}^{n} m(A_i) = \mu(A)$$

следует из (3.3.13).

Пусть $\{Q_i\}, Q_i \in \mathcal{S}$, - конечная или счётная система множеств, покрывающих множество A. Согласно теоремам 3.2.4, 3.2.7,

(3.3.15)
$$\mu(A) \leq \sum_{j} m(Q_j)$$

[3.20]Смотри также замечания в [1] на страницах 256 и 272.

Согласно определению 3.3.1,

(3.3.16) $\mu(A) \le \mu^*(A)$

следует из (3.3.15).

(3.3.12) следует из (3.3.14), (3.3.16).   □

ТЕОРЕМА 3.3.8. *Система $\mathcal{C}_\mu$ измеримых по Лебегу множеств является алгеброй множеств.*

ДОКАЗАТЕЛЬСТВО. Из теоремы 3.3.6, определения 3.1.2 и равенств

$$A_1 \cap A_2 = A_1 \setminus (A_1 \setminus A_2)$$
$$A_1 \cup A_2 = E \setminus ((E \setminus A_1) \cap (E \setminus A_2))$$
$$A_1 \Delta A_2 = (A_1 \cup A_2) \setminus (A_1 \cap A_2)$$

следует, что $\mathcal{C}_\mu$ является кольцом множеств. Кольцо множеств $\mathcal{C}_\mu$ является алгеброй множеств, так как $E \in \mathcal{C}_\mu$ является единицей кольца множеств $\mathcal{C}_\mu$.
                                                                           □

ТЕОРЕМА 3.3.9. *Отображение $\mu^*(A)$ аддитивно на алгебре множеств $\mathcal{C}_\mu$.*[3.21]

ДОКАЗАТЕЛЬСТВО. Для доказательства теоремы достаточно рассмотреть случай двух множеств. Пусть $A_1, A_2 \in \mathcal{C}_\mu$. Согласно определению 3.3.4, для любого $\epsilon \in R, \epsilon > 0$, существуют $B_1, B_2 \in \mathcal{R}(\mathcal{S})$ такое, что

(3.3.17)
$$\mu^*(A_1 \Delta B_1) < \frac{\epsilon}{2}$$
$$\mu^*(A_2 \Delta B_2) < \frac{\epsilon}{2}$$

Положим $A = A_1 \cup A_2, B = B_1 \cup B_2$. Согласно теореме 3.3.8, $A \in \mathcal{C}_\mu$. Так как $A_1 \cap A_2 = \emptyset$, то

(3.3.18) $B_1 \cap B_2 \subseteq (A_1 \Delta B_1) \cup (A_2 \Delta B_2)$

Утверждение

(3.3.19) $\mu(B_1 \cap B_2) \le \epsilon$

следует из утверждения (3.3.18) и теорем 3.3.2, 3.3.7. Утверждение

(3.3.20)
$$|\mu(B_1) - \mu^*(A_1)| \le \frac{\epsilon}{2}$$
$$|\mu(B_2) - \mu^*(A_2)| \le \frac{\epsilon}{2}$$

следует из утверждения (3.3.17) и теорем 3.3.3, 3.3.7. Так как мера аддитивна на алгебре множеств $\mathcal{R}(\mathcal{S})$, то утверждение

(3.3.21) $\mu(B) = \mu(B_1) + \mu(B_2) - \mu(B_1 \cap B_2) \ge \mu^*(A_1) + \mu^*(A_2) - 2\epsilon$

_____

[3.21]Смотри также теоремы [1]-6 на странице 258 и [1]-3 на странице 273.

следует из утверждений (3.3.19), (3.3.20). Утверждение

$$(3.3.22) \qquad \mu^*(A) \geq \mu(B) - \mu^*(A \Delta B) \geq \mu(B) - 2\epsilon \geq \mu^*(A_1) + \mu^*(A_2) - 3\epsilon$$

следует из утверждения

$$A \Delta B \subseteq (A_1 \Delta B_1) \cup (A_2 \Delta B_2)$$

Утверждение

$$(3.3.23) \qquad \mu^*(A_1) + \mu^*(A_2) \geq \mu^*(A) \geq \mu^*(A_1) + \mu^*(A_2) - 3\epsilon$$

следует из утверждения (3.3.22) и теоремы 3.3.2. Так как ϵ может быть выбрано произвольно малым, то

$$\mu^*(A) = \mu^*(A_1) + \mu^*(A_2)$$

следует из утверждения (3.3.23). $\qquad \square$

ОПРЕДЕЛЕНИЕ 3.3.10. *Если множество A измеримо по Лебегу,*[3.22] *то величина $\mu(A) = \mu^*(A)$ называется* **мерой Лебега**. *Отображение μ, определённое на алгебре множеств $\mathcal{C}_\mu$, называется* **лебеговым продолжением меры** m. $\qquad \square$

ТЕОРЕМА 3.3.11. *Алгебра множеств $\mathcal{C}_\mu$ является σ-алгеброй*[3.23] *с единицей E.*

ДОКАЗАТЕЛЬСТВО. Пусть $A_1, ...,$ - счётная система множеств, измеримых по Лебегу. Пусть

$$(3.3.24) \qquad A = \bigcup_{n=1}^{\infty} A_n$$

Положим

$$(3.3.25) \qquad A'_n = A_n \setminus \bigcup_{k=1}^{n-1} A_k$$

Из (3.3.24), (3.3.25) следует, что

$$(3.3.26) \qquad A = \bigcup_{n=1}^{\infty} A'_n$$

где $i \neq j => A'_i \cap A'_j = \emptyset$. Согласно теореме 3.3.8, определению 3.1.2 и замечанию 3.1.3, все множества A'_n измеримы по Лебегу. Согласно теореме 3.3.8 и определению 3.3.1, для любого n

$$\sum_{k=1}^{n} \mu(A'_k) = \mu \left(\bigcup_{k=1}^{n} A'_k \right) \leq \mu^*(A)$$

[3.22]Смотри определение [1]-2, страница 272.

[3.23]Смотри также теоремы [1]-7 на странице 259 и [1]-5 на страницах 273, 274.

Следовательно, ряд $\sum_{n=1}^{\infty} \mu(A_n')$ сходится. Следовательно, для любого $\epsilon \in R$, $\epsilon > 0$, существует N такое, что

$$(3.3.27) \qquad \sum_{n>N} \mu(A_n') < \frac{\epsilon}{2}$$

Согласно теореме 3.3.8,

$$(3.3.28) \qquad C = \sum_{n=1}^{N} \mu(A_n') \in \mathcal{C}_\mu$$

Согласно определению 3.3.4, из утверждения (3.3.28) следует, что существует $B \in \mathcal{R}(\mathcal{S})$ такое, что

$$(3.3.29) \qquad \mu^*(C \Delta B) < \frac{\epsilon}{2}$$

Так как

$$A \Delta B \subseteq (C \Delta B) \cup \left(\bigcup_{n>N} A_n' \right)$$

то из (3.3.27), (3.3.29) и теоремы 3.3.2 следует, что

$$\mu^*(A \Delta B) < \epsilon$$

Согласно определению 3.3.4, $A \in \mathcal{C}_\mu$.

Так как

$$\bigcap_n A_n = E \setminus \bigcup_n (E \setminus A_n)$$

то теорема является следствием теоремы 3.3.5. $\square$

ТЕОРЕМА 3.3.12. *Отображение $\mu(A)$ σ-аддитивно* [3.24] *на алгебре множеств* $\mathcal{C}_\mu$.

ДОКАЗАТЕЛЬСТВО. Пусть

$$A = \bigcup_{i=1}^{\infty} A_i \quad A_i \in \mathcal{C}_\mu$$

где $i \neq j => A_i \cap A_j = \emptyset$. Согласно теореме 3.3.11, $A \in \mathcal{C}_\mu$. Согласно теореме 3.3.2,

$$(3.3.30) \qquad \mu(A) \leq \sum_i \mu(A_i)$$

Согласно теореме 3.3.9, для любого N

$$\mu(A) \geq \mu \left(\bigcup_{i=1}^{N} A_i \right) = \sum_{i=1}^{N} \mu(A_i)$$

[3.24]Смотри также теорему [1]-4 на странице 273.

и следовательно

$$(3.3.31) \qquad \mu(A) \geq \sum_i \mu(A_i)$$

Равенство

$$\mu(A) = \sum_i \mu(A_i)$$

следует из (3.3.30), (3.3.31). $\qquad\qquad\qquad\qquad\qquad\qquad\qquad\qquad\square$

ТЕОРЕМА 3.3.13. *Пусть*[3.25] $A \in \mathcal{C}_\mu$. *Тогда существует множество* B *такое, что*

$$(3.3.32) \qquad A \subseteq B$$

$$(3.3.33) \qquad \mu(A) = \mu(B)$$

$$(3.3.34) \qquad B = \bigcap_n B_n$$

$$(3.3.35) \qquad B_1 \supseteq B_2 \supseteq ... \supseteq B_n \supseteq ...$$

$$(3.3.36) \qquad B_n = \bigcup_k B_{nk}$$

$$(3.3.37) \qquad B_{nk} \in \mathcal{R}(\mathcal{S})$$

$$(3.3.38) \qquad \mu(B_{nk}) < \mu(A) + \frac{1}{n}$$

$$(3.3.39) \qquad B_{n1} \subseteq B_{n2} \subseteq ... \subseteq B_{nk} \subseteq ...$$

ДОКАЗАТЕЛЬСТВО. Согласно определению 3.3.4 и теореме 3.1.11, для любого n существует множество C_n такое, что

$$(3.3.40) \qquad A \subseteq C_n$$

$$(3.3.41) \qquad \mu(C_n) < \mu(A) + \frac{1}{n}$$

$$(3.3.42) \qquad C_n = \bigcup_r \Delta_{nr} \quad \Delta_{nr} \in \mathcal{S}$$

Положим

$$(3.3.43) \qquad B_n = \bigcap_{k=1}^n C_k$$

Утверждение (3.3.35) следует из (3.3.43). Утверждение

$$(3.3.44) \qquad A \subseteq B_n$$

[3.25]Смотри также лемму в [1] на странице 315.

следует из (3.3.40), (3.3.43). Утверждение (3.3.32) следует из (3.3.34), (3.3.44). Из (3.3.42), (3.3.43) следует, что

$$(3.3.45) \qquad B_n = \bigcup_r \delta_{nr} \quad \delta_{nr} \in \mathcal{S}$$

Пусть

$$(3.3.46) \qquad B_{nk} = \bigcup_{r=1}^{k} \delta_{nr}$$

Утверждение (3.3.39) следует из (3.3.46). Утверждение (3.3.36) следует из (3.3.45), (3.3.46). Утверждение (3.3.37) следует из (3.3.45), (3.3.46) и теоремы 3.1.11.

Из утверждения (3.3.32) и теоремы 3.2.6 следует, что

$$(3.3.47) \qquad \mu(A) \leq \mu(B)$$

Из утверждений (3.3.34), (3.3.41), (3.3.43) и теоремы 3.2.6 следует, что

$$(3.3.48) \qquad \mu(B) \leq \mu(B_n) \leq \mu(C_n) < \mu(A) + \frac{1}{n}$$

Так как n произвольно, то утверждение

$$(3.3.49) \qquad \mu(B) \leq \mu(A)$$

является следствием утверждения (3.3.48). Утверждение (3.3.33) является следствием утверждений (3.3.47), (3.3.49). Утверждение (3.3.38) является следствием утверждений (3.3.36), (3.3.48) и теоремы 3.2.6. $\qquad \square$

Глава 4

Измеримое отображение в абелеву Ω-группу

4.1. Измеримое отображение

Определение 4.1.1. *Минимальная σ-алгебра $\mathcal{B}(A)$ над совокупностью всех открытых шаров нормированной Ω-группы A, называется* **алгеброй Бореля**.[4.1] *Множество, принадлежащее алгебре Бореля, называется* **борелевским множеством** *или B-множеством.* □

Определение 4.1.2. *Пусть $\mathcal{C}_X$ - σ-алгебра множеств множества X. Пусть $\mathcal{C}_Y$ - σ-алгебра множеств множества Y. Отображение*

$$f : X \to Y$$

называется $(\mathcal{C}_X, \mathcal{C}_Y)$-измеримым,[4.2] если для всякого множества $C \in \mathcal{C}_Y$

$$f^{-1}(C) \in \mathcal{C}_X$$

□

Пример 4.1.3. *Пусть на множестве X определена σ-аддитивная мера μ. Пусть $\mathcal{C}_\mu$ - σ-алгебра измеримых относительно меры μ множеств. Пусть $\mathcal{B}(A)$ - алгебра Бореля нормированной Ω-группы A. Отображение*

$$f : X \to A$$

называется μ-измеримым,[4.3] если для всякого множества $C \in \mathcal{B}(A)$

$$f^{-1}(C) \in \mathcal{C}_\mu$$

□

Пример 4.1.4. *Пусть $\mathcal{B}(A)$ - алгебра Бореля нормированной Ω_1-группы A. Пусть $\mathcal{B}(B)$ - алгебра Бореля нормированной Ω_2-группы B. Отображение*

$$f : A \to B$$

[4.1]Смотри определение в [1], с. 46. Согласно замечанию 3.1.3, алгебра Бореля может быть также порождена множеством замкнутых шаров.

[4.2]Смотри аналогичное определение в [1], с. 282.

[4.3]Смотри аналогичное определение в [1], с. 282, определение 1. Если мера μ на множестве X определена в контексте, мы также будем называть отображение

$$f : X \to A$$

измеримым.

называется **борелевским**, [4.4] *если для всякого множества* $C \in \mathcal{B}(B)$

$$f^{-1}(C) \in \mathcal{B}(A)$$

$\square$

ТЕОРЕМА 4.1.5. *Пусть* $\mathcal{C}_X$ - σ*-алгебра множеств множества* X. *Пусть* $\mathcal{C}_Y$ - σ*-алгебра множеств множества* Y. *Пусть* $\mathcal{C}_Z$ - σ*-алгебра множеств множества* Z.

4.1.5.1: *Пусть отображение*

$$f : X \to Y$$

$(\mathcal{C}_X, \mathcal{C}_Y)$*-измеримо.*

4.1.5.2: *Пусть отображение*

$$g : Y \to Z$$

$(\mathcal{C}_Y, \mathcal{C}_Z)$*-измеримо.*

Тогда отображение

$$g \circ f : X \to Z$$

$(\mathcal{C}_X, \mathcal{C}_Z)$*-измеримо.* [4.5]

ДОКАЗАТЕЛЬСТВО. Пусть $A \in \mathcal{C}_Z$. Согласно определению 4.1.2 и утверждению 4.1.5.2,

$$g^{-1}(A) \in \mathcal{C}_Y$$

Согласно определению 4.1.2 и утверждению 4.1.5.1,

$$f^{-1}(g^{-1}(A)) = (gf)^{-1}(A) \in \mathcal{C}_X$$

Следовательно, отображение

$$g \circ f : X \to Z$$

$(\mathcal{C}_X, \mathcal{C}_Z)$-измеримо. $\square$

4.2. Простое отображение

ОПРЕДЕЛЕНИЕ 4.2.1. *Пусть на множестве* X *определена* σ*-аддитивная мера* μ. *Отображение*

$$f : X \to A$$

в нормированную Ω*-группу* A *называется* **простым отображением**, *если это отображение* μ*-измеримо и принимает не более, чем счётное множество значений.* $\square$

[4.4]Смотри аналогичное определение в [1], с. 282, определение 1.

[4.5]Смотри аналогичную теорему в [1], страницы 282, 283, теорема 1.

Теорема 4.2.2. *Пусть отображение*

$$f : X \to A$$

принимает не более, чем счётное множество значений $y_1, y_2, \ldots$ *. Отображение* f *μ-измеримо тогда и только тогда, когда все множества*

$$A_n = \{x : f(x) = y_n\}$$

μ-измеримы.[4.6]

Доказательство. Каждое множество $\{y_n\}$ является борелевским множеством. Так как A_n является прообразом множества $\{y_n\}$, то A_n является μ-измеримым, если отображение f является μ-измеримым. Следовательно, условие теоремы необходимо.

Пусть все множества A_n μ-измеримы. Прообраз $f^{-1}(B)$ борелевского множества $B \subset A$ μ-измерим, так как он является объединением

$$\bigcup_{y_n \in B} A_n$$

не более чем счётного множества μ-измеримых множеств A_n. Следовательно, отображение f μ-измеримо и условие теоремы достаточно. $\square$

Теорема 4.2.3. *Пусть на множестве X определена σ-аддитивная мера μ. Пусть*

$$f : X \to A$$

простое отображения в нормированную Ω-группу A. Пусть отображение f μ-измеримо на множестве $X_i \subset X$, $i = 1, 2, \ldots$. Тогда отображение f μ-измеримо на множестве $\bigcup_i X_i$.

Доказательство. Пусть $y_1, y_2, \ldots$ - область значений отображения f. Согласно теореме 4.2.2, множество

$$Y_{i \cdot k} = \{x \in X_i : f(x) = y_k\}$$

μ-измеримо. Согласно определениям 3.1.13, 3.2.10, множество

$$Y_k = \bigcup_i Y_{i \cdot k} = \{x \in \bigcup_i X_i : f(x) = y_k\}$$

μ-измеримо. Согласно теореме 4.2.2, отображение f μ-измеримо на множестве $\bigcup_i X_i$. $\square$

Теорема 4.2.4. *Пусть на множестве X определена σ-аддитивная мера μ. Пусть*

$$f : X \to A$$

$$g : X \to A$$

[4.6]Смотри аналогичную теорему в [1], страница 292, теорема 1.

простые отображения в нормированную Ω-группу A. Тогда отображение

$$h = f + g$$

является простым отображением. [4.7]

ДОКАЗАТЕЛЬСТВО. Согласно определению 4.2.1, простые отображения f и g имеют конечные или счётные области значений. Пусть $y_1, y_2, \ldots$ - область значений отображения f. Пусть $z_1, z_2, \ldots$ - область значений отображения g. Тогда область значений отображения h состоит из значений

$$c_{ij} = y_i + z_j$$

и является конечным или счётным множеством. Для каждого c_{ij} множество

$$\{x : h(x) = c_{ij}\} = \bigcup_{y_i + z_j = c_{ij}} \{x : f(x) = y_i\} \cap \{x : g(x) = z_j\}$$

μ-измеримо. Следовательно, отображение h является простым отображением. $\square$

ТЕОРЕМА 4.2.5. *Пусть на множестве X определена σ-аддитивная мера μ. Пусть $\omega \in \Omega$ - n-арная операция. Пусть*

$$f_i : X \to A \quad i = 1, \ldots, n$$

простые отображения в нормированную Ω-группу A. Тогда отображение

$$h = f_1 \ldots f_n \omega$$

является простым отображением.

ДОКАЗАТЕЛЬСТВО. Согласно определению 4.2.1, простые отображения $f_i, i = 1, \ldots, n$, имеют конечные или счётные области значений. Пусть $y_{i \cdot 1}, y_{i \cdot 2}, \ldots$ - область значений отображения f_i. Тогда область значений отображения h состоит из значений

$$y_{i_1 \ldots i_n} = y_{1 \cdot i_1} \ldots y_{n \cdot i_n} \omega$$

и является конечным или счётным множеством. Для каждого $y_{i_1 \ldots i_n}$ множество

$$\{x : h(x) = y_{i_1 \ldots i_n}\} = \bigcup_{y_{1 \cdot i_1} \ldots y_{n \cdot i_n} \omega = y_{i_1 \ldots i_n}} \bigcap_{j=1}^{n} \{x : f_j(x) = y_{j \cdot j_i}\}$$

μ-измеримо. Следовательно, отображение h является простым отображением. $\square$

ТЕОРЕМА 4.2.6. *Пусть*

$$f : A_1 \overset{*}{\longrightarrow} A_2$$

[4.7]Смотри аналогичную теорему в [1], страница 283, теорема 3.

представление Ω_1-группы A_1 с нормой $\|x\|_1$ в Ω_2-группе A_2 с нормой $\|x\|_2$. Пусть на множестве X определена σ-аддитивная мера μ. Пусть

$$g_i : X \to A_i \quad i = 1, 2$$

простое отображение. Тогда отображение

$$h = f_X(g_1)(g_2)$$

является простым отображением.

Доказательство. Согласно определению 4.2.1, простые отображения g_1 и g_2 имеют конечные или счётные области значений. Пусть $y_{1\cdot 1}$, $y_{1\cdot 2}$, ... - область значений отображения g_1. Пусть $y_{2\cdot 1}$, $y_{2\cdot 2}$, ... - область значений отображения g_2. Тогда область значений отображения h состоит из значений

$$c_{ij} = f(y_{1\cdot i})(y_{2\cdot j})$$

и является конечным или счётным множеством. Для каждого c_{ij} множество

$$\{x : h(x) = c_{ij}\} = \bigcup_{f(y_{1\cdot i})(y_{2\cdot j}) = c_{ij}} \{x : g_1(x) = y_{1\cdot i}\} \cap \{x : g_2(x) = y_{2\cdot j}\}$$

μ-измеримо. Следовательно, отображение h является простым отображением. $\square$

4.3. Действия над измеримыми отображениями

Теорема 4.3.1. *Пусть A - нормированная Ω-группа. Пусть $\{f_n\}$ - последовательность μ-измеримых отображений*

$$f_n : X \to A$$

Пусть

$$f : X \to A$$

такое отображение, что

(4.3.1) $$f(x) = \lim_{n \to \infty} f_n(x)$$

для каждого x. Тогда отображение f является μ-измеримым отображением.

Доказательство. Докажем следующее равенство

(4.3.2) $$\{x : f(x) \in B_c(a, R)\} = \bigcup_k \bigcup_n \bigcap_{m > n} \{x : f_m(x) \in B_o(a, R + 1/k)\}$$

• Пусть $f(x) \in B_c(a, R)$. Согласно определению 2.3.15

(4.3.3) $$\|f(x) - a\| \leq R$$

Из равенства (4.3.1) следует, что для любого k существует такое n, что для $m > n$

(4.3.4) $$\|f(x) - f_m(x)\| < 1/k$$

Из равенств (4.3.3), (4.3.4) следует, что

$$\|f_m(x) - a\| = \|f_m(x) - f(x) + f(x) - a\|$$

(4.3.5)
$$\leq \|f_m(x) - f(x)\| + \|f(x) - a\|$$

$$< R + 1/k$$

Из определения 2.3.14 и равенства (4.3.5) следует, что для любого k существует такое n, что для $m > n$

$$f_m(x) \in B_o(a, R + 1/k)$$

Следовательно, мы доказали, что

(4.3.6) $$\{x : f(x) \in B_c(a, R)\} \subseteq \bigcup_k \bigcup_n \bigcap_{m>n} \{x : f_m(x) \in B_o(a, R + 1/k)\}$$

- Пусть

$$x \in \bigcup_k \bigcup_n \bigcap_{m>n} \{x : f_m(x) \in B_o(a, R + 1/k)\}$$

Тогда существуют k, n такие, что для $m > n$

(4.3.7) $$f_m(x) \in B_o(a, R + 1/k)$$

Из определения 2.3.14 и равенства (4.3.7) следует, что

(4.3.8) $$\|f_m(x) - a\| < R + 1/k$$

Из теоремы [7]-2, страница 56, равенства (4.3.1) и неравенства (4.3.8) следует, что

(4.3.9) $$\|f(x) - a\| \leq R$$

Из определения 2.3.15 и неравенства (4.3.9) следует, что $f(x) \in B_c(a, R)$. Следовательно, мы доказали, что

(4.3.10) $$\bigcup_k \bigcup_n \bigcap_{m>n} \{x : f_m(x) \in B_o(a, R + 1/k)\} \subseteq \{x : f(x) \in B_c(a, R)\}$$

- Равенство (4.3.2) следует из равенств (4.3.6), (4.3.10).

Если отображения f_n измеримы, то, согласно примеру 4.1.3, множества

$$\{x : f_m(x) \in B_o(a, R + 1/k)\}$$

измеримы. Так как совокупность измеримых множеств является σ-алгеброй, то из равенства (4.3.2) следует, что множество

$$\{x : f(x) \in B_c(a, R)\}$$

измеримо. Согласно примеру 4.1.3, отображение f измеримо. $\qquad\square$

ТЕОРЕМА 4.3.2. *Пусть A - нормированная Ω-группа. Пусть множество значений отображения*

$$f : X \to A$$

компактно. Отображение f μ-измеримо тогда и только тогда, когда оно может быть представлено как предел равномерно сходящейся последовательности простых отображений. [4.8]

ДОКАЗАТЕЛЬСТВО. Пусть отображение f является пределом равномерно сходящейся последовательности простых отображений. Согласно определению 4.2.1, простое отображение μ-измеримо. Согласно теореме 4.3.1, предел последовательности простых отображений μ-измерим. Следовательно, отображение f μ-измеримо.

Пусть отображение f μ-измеримо. Для заданного n, рассмотрим множество открытых шаров

$$B_f = \{ B_o(y, 1/n) : \exists x, y = f(x) \}$$

Множество B_f является открытым покрытием множества значений отображения f. Следовательно, существует конечное множество B_f', $B_f' \subset B_f$, являющееся открытым покрытием множества значений отображения f. Для $x \in X$, выберем открытый шар

(4.3.11) $$B_o(y, 1/n) \in B_f \quad f(x) \in B_o(y, 1/n)$$

и мы положим

(4.3.12) $$f_n(x) = y$$

Отображение f_n - простое. Из равенств (4.3.11), (4.3.12) и определения 2.3.14 следует, что

(4.3.13) $$\| f_n(x) - f(x) \| < \frac{1}{n}$$

Из равенства (4.3.13) следует, что последовательность простых отображений f_n равномерно сходится к отображению f. $\qquad \square$

ТЕОРЕМА 4.3.3. *Пусть на множестве X определена σ-аддитивная мера μ. Пусть A - нормированная Ω-группа. Пусть множество значений отображения*

$$f : X \to A$$

компактно. Пусть отображение f μ-измеримо на множестве $X_i \subset X$, $i = 1, ..., n$,

$$i \neq j \implies X_i \cap X_j = \emptyset$$

Тогда отображение f μ-измеримо на множестве $\bigcup_i X_i$.

[4.8]Смотри аналогичную теорему в [1], страница 292, теорема 2.

Доказательство. Согласно теореме 4.3.2, для каждого i существует последовательность простых отображений

$$f_{i \cdot k} : X_i \to A$$

равномерно сходящейся к отображению f на множестве X_i. Для каждого k, рассмотрим отображение

$$f_k : \bigcup_i X_i \to A$$

определённое правилом

$$x \in X_i \ => \ f_k(x) = f_{i \cdot k}(x)$$

Так как отображение f_k принимает не более, чем счётное множество значений, на множестве X_i, то отображение f_k принимает не более, чем счётное множество значений, на множестве $\bigcup_i X_i$. Согласно теореме 4.2.3, отображение f_k измеримо на множестве $\bigcup_i X_i$.

Так как последовательность отображений f_k равномерно сходится к отображению f на множестве X_i, то, согласно определению 2.3.26, для заданного $\epsilon \in R, \epsilon > 0$, существует K_i такое, что из условия $k > K_i$ следует

$$\|f_k(x) - f(x)\| < \epsilon$$

для любого $x \in X_i$. Пусть

$$K = \max(K_1, ..., K_n)$$

Тогда для заданного $\epsilon \in R, \epsilon > 0$, из условия $k > K$ следует

$$\|f_k(x) - f(x)\| < \epsilon$$

для любого $x \in \bigcup_i X_i$. Согласно определению 2.3.26, последовательность отображений f_k равномерно сходится к отображению f на множестве $\bigcup_i X_i$. Согласно теореме 4.3.2, отображение f μ-измеримо на множестве $\bigcup_i X_i$. $\square$

Теорема 4.3.4. *Пусть на множестве X определена σ-аддитивная мера μ. Пусть A - полная Ω-группа. Пусть*

$$f : X \to A$$

$$g : X \to A$$

μ-измеримые отображения с компактным множеством значений. Тогда отображение

(4.3.14) $$h = f + g$$

является µ-измеримым отображением с компактным множеством значе-
ний. [4.9]

ДОКАЗАТЕЛЬСТВО. Согласно теореме 4.3.2, существует последовательность простых отображений f_n равномерно сходящихся к отображению f и существует последовательность простых отображений g_n равномерно сходящихся к отображению g. Для каждого n, отображение

$$h_n = f_n + g_n$$

является простым отображением согласно теореме 4.2.4. Согласно теореме 2.3.28, последовательность отображений h_n равномерно сходится к отображению h. Согласно теореме 4.3.1, отображению h является µ-измеримым отображением.

Рассмотри открытое покрытие O_h множества значений отображения h. Согласно определению 2.3.16, открытое покрытие O_h содержит множество открытых шаров

$$B_h = \{B_o(y, 2\epsilon_x) : \exists x, y = h(x)\}$$

Рассмотрим множество открытых шаров

$$B_f = \{B_o(y, \epsilon_x) : \exists x, y = f(x)\}$$

Множество B_f является открытым покрытием множества значений отображения f. Следовательно, существует конечное множество B'_f, $B'_f \subset B_f$, являющееся открытым покрытием множества значений отображения f. Положим

$$I_f = \{x \in X : y = f(x), B_o(y, \epsilon_x) \in B'_f\}$$

Рассмотрим множество открытых шаров

$$B_g = \{B_o(y, \epsilon_x) : \exists x, y = g(x)\}$$

Множество B_g является открытым покрытием множества значений отображения g. Следовательно, существует конечное множество B'_g, $B'_g \subset B_g$, являющееся открытым покрытием множества значений отображения g. Положим

$$I_g = \{x \in X : y = g(x), B_o(y, \epsilon_x) \in B'_g\}$$

Положим

$$I_h = I_f \cup I_g$$

Для любого $x \in X$, существует $x' \in I_h$ такой, что

(4.3.15) $$f(x) \in B_o(f(x'), \epsilon_{x'}) \quad g(x) \in B_o(g(x'), \epsilon_{x'})$$

Согласно теореме 2.3.23, утверждение

$$h(x) \in B_o(h(x'), 2\epsilon_{x'})$$

следует из (4.3.14), (4.3.15). Следовательно, множество открытых шаров

$$B'_h = \{B_o(y, 2\epsilon_x) : \exists x \in I_h, y = h(x)\} \subseteq B_h \subseteq O_h$$

[4.9]Смотри аналогичную теорему в [1], страница 283, теорема 3.

является конечным открытым покрытием множества значений отображения h. Согласно определению 2.3.17, множество значений отображения h компактно. $\square$

ТЕОРЕМА 4.3.5. *Пусть на множестве X определена σ-аддитивная мера μ. Пусть $\omega \in \Omega$ - n-арная операция. Пусть*

$$f_i : X \to A \quad i = 1, ..., n$$

μ-измеримые отображения в полную Ω-группу A. Тогда отображение

$$h = f_1 ... f_n \omega$$

является μ-измеримым отображением.

ДОКАЗАТЕЛЬСТВО. Согласно теореме 4.3.2, существует последовательность простых отображений $f_{i \cdot m}$ равномерно сходящихся к отображению f_i. Для каждого m, отображение

$$h_m = f_{1 \cdot m} ... f_{n \cdot m} \omega$$

является простым отображением согласно теореме 4.2.5. Согласно теореме 2.3.29, последовательность отображений h_n равномерно сходится к отображению h. $\square$

ТЕОРЕМА 4.3.6. *Пусть на множестве X определена σ-аддитивная мера μ. Пусть*

$$f : A_1 \relbar\joinrel\twoheadrightarrow A_2$$

представление Ω_1-группы A_1 с нормой $\|x\|_1$ в Ω_2-группе A_2 с нормой $\|x\|_2$. Пусть

$$g_i : X \to A_i \quad i = 1, 2$$

μ-измеримое отображение. Тогда отображение

$$h = f_X(g_1)(g_2)$$

является μ-измеримым отображением.

ДОКАЗАТЕЛЬСТВО. Согласно теореме 4.3.2, существует последовательность простых отображений $f_{i \cdot m}$ равномерно сходящихся к отображению f_i. Для каждого m, отображение $f_X(g_{1 \cdot n})(g_{2 \cdot n})$ является простым отображением согласно теореме 4.2.6. Согласно теореме 2.3.31, последовательность отображений h_n равномерно сходится к отображению h. $\square$

4.4. Сходимость почти всюду

ОПРЕДЕЛЕНИЕ 4.4.1. *Пусть на множестве X определена σ-аддитивная мера μ. Последовательность* [4.10]

$$f_n : X \to A$$

[4.10]Смотри так же определение [1]-2 на странице 286.

μ-*измеримых отображений в* Ω-*группу* A **сходится почти всюду**, *если*

$$(4.4.1) \qquad f(x) = \lim_{n \to \infty} f_n(x)$$

для почти всех $x \in X$, *т. е. множество* x, *в которых* (4.4.1) *не выполняется, имеет меру нуль.* □

ТЕОРЕМА 4.4.2. *Пусть на множестве* X *определена* σ-*аддитивная мера* μ. *Если последовательность*

$$f_n : X \to A$$

μ-*измеримых отображений в* Ω-*группу* A *сходится к отображению*

$$f : X \to A$$

почти всюду, то отображение f *также* μ-*измеримо.*

ДОКАЗАТЕЛЬСТВО. Пусть

$$A = \{x \in X : \lim_{n \to \infty} f_n(x) = f(x)\} \quad B = X \setminus A$$

Согласно определению 4.4.1, $\mu(B) = 0$.

ЛЕММА 4.4.3. *Отображение* f μ-*измеримо на множестве* B.

ДОКАЗАТЕЛЬСТВО. Утверждение является следствием определения 4.1.2 и теоремы 3.2.8. ⊙

ЛЕММА 4.4.4. *Отображение* f μ-*измеримо на множестве* A.

ДОКАЗАТЕЛЬСТВО. Согласно замечанию 3.1.3, множество A μ-измеримо. Согласно теореме 4.3.1, отображение f μ-измеримо на множестве A. ⊙

Из теоремы 4.3.3 и из лемм 4.4.3, 4.4.4 следует, что отображение f μ-измеримо. □

ТЕОРЕМА 4.4.5 (Дмитрий Фёдорович Егоров). *Пусть*[4.11] *последовательность* μ-*измеримых отображений*

$$f_n : X \to A$$

сходится на измеримом множестве E *почти всюду к отображению* f. *Тогда, для любого* $\delta > 0$, *существует измеримое множество* $E_\delta \subset E$ *такое, что*

4.4.5.1: $\mu(E_\delta) > \mu(E) - \delta$

4.4.5.2: *Последовательность* f_n *равномерно сходится на множестве* E_δ.

ДОКАЗАТЕЛЬСТВО. Согласно теореме 4.4.2, отображение f μ-измеримо на множестве E. Пусть

$$(4.4.2) \qquad E_n^m = \bigcap_{i \geq n} \left\{ x \in E : \|f_i(x) - f(x)\| < \frac{1}{m} \right\}$$

[4.11]Смотри так же теорему [1]-6 на странице 287.

$$(4.4.3) \qquad\qquad E^m = \bigcup_{n=1}^{\infty} E_n^m$$

Утверждение

$$(4.4.4) \qquad\qquad E_1^m \subset E_2^m \subset \dots$$

следует из (4.4.2). Из утверждений (4.4.3), (4.4.4) и теоремы 3.2.13 следует, что для любого m и для любого $\delta > 0$, существует $n_0(m)$ такое, что

$$(4.4.5) \qquad\qquad \mu(E^m - E_{n_0(m)}^m) < \frac{\delta}{2^m}$$

Положим

$$(4.4.6) \qquad\qquad E_\delta = \bigcap_{m=1}^{\infty} E_{n_0(m)}^m$$

Если $x \in E_\delta$, то, для любого $m = 1, 2, \dots$ и для любого $i > n_0(m)$, неравенство

$$(4.4.7) \qquad\qquad \|f_i(x) - f(x)\| < \frac{1}{m}$$

следует из (4.4.2), (4.4.6). Утверждение 4.4.5.2 следует из неравенства (4.4.7) и определения 2.3.26.

Если $x \in E \setminus E^m$, то, из (4.4.2), (4.4.3) следует, что существуют сколь угодно большие значения i, для которых

$$(4.4.8) \qquad\qquad \|f_i(x) - f(x)\| > \frac{1}{m}$$

Следовательно, последовательность $f_n(x)$ в точке $x \in E \setminus E^m$ не сходится к $f(x)$. Так как f_n сходится к f почти всюду, то из теоремы 3.2.8 следует, что

$$(4.4.9) \qquad\qquad \mu(E \setminus E^m) = 0$$

Неравенство

$$(4.4.10) \qquad \mu(E - E_{n_0(m)}^m) = \mu(E^m - E_{n_0(m)}^m) < \frac{\delta}{2^m}$$

следует из (4.4.5), (4.4.9). Утверждение 4.4.5.1 является следствием неравенства

$$\mu(E \setminus E_\delta) = \mu\left(E \setminus \bigcap_{m=1}^{\infty} E_{n_0(m)}^m \right) = \mu\left(\bigcup_{m=1}^{\infty} (E \setminus E_{n_0(m)}^m) \right)$$

$$\leq \sum_{m=1}^{\infty} \mu(E \setminus E_{n_0(m)}^m) < \sum_{m=1}^{\infty} \frac{\delta}{2^m} = \delta$$

которое следует из неравенства (4.4.10). $\qquad\qquad\qquad\qquad\qquad \square$

Глава 5

Интеграл отображения в абелеву Ω-группу

Пусть на множестве X определена σ-аддитивная мера μ. Пусть определено эффективное представление поля действительных чисел R в полной абелевой Ω-группе A.[5.1] В этой главе мы рассмотрим определение интеграл Лебега μ-измеримого отображения

$$f : X \to A$$

5.1. Интеграл простого отображения

ОПРЕДЕЛЕНИЕ 5.1.1. *Пусть a_i - последовательность A-чисел. Если*

$$\sum_{i=1}^{\infty} \|a^i\| < \infty$$

*то мы будем говорить, что **ряд***

$$\sum_{i=1}^{\infty} a^i$$

сходится нормально.[5.2] ☐

ОПРЕДЕЛЕНИЕ 5.1.2. *Для простого отображения*

$$f : X \to A$$

рассмотрим ряд

(5.1.1) $$\sum_n \mu(F_n) f_n$$

где

- *Множество $\{f_1, f_2, ...\}$ является областью определения отображения f*
- *Если $n \neq m$, то $f_n \neq f_m$*
- *$F_n = \{x \in X : f(x) = f_n\}$*

Простое отображение

$$f : X \to A$$

[5.1]Другими словами, Ω-группа A является R-векторным пространством.

[5.2]Смотри также определение нормальной сходимости ряда на странице [9]-12.

называется **интегрируемым** *по множеству* X, *если ряд* (5.1.1) *сходит-ся нормально.*[5.3] *Если отображение* f *интегрируемо, то сумма ряда* (5.1.1) *называется* **интегралом отображения** f *по множеству* X

$$(5.1.2) \qquad \int_X d\mu(x) f(x) = \sum_n \mu(F_n) f_n$$

$\square$

ТЕОРЕМА 5.1.3. *Пусть*

$$f : X \to A$$

простое отображение. Пусть f *принимает значение*[5.4] f_n *на множестве* $F_n \subset X$. *Пусть* $X = \bigcup\limits_n F_n$, $F_n \cap F_m = \emptyset$. *Отображение* f *интегрируемо тогда и только тогда, когда ряд*

$$(5.1.3) \qquad \sum_n \mu(F_n) f_n$$

сходится по норме. Тогда

$$(5.1.4) \qquad \int_X d\mu(x) f(x) = \sum_n \mu(F_n) f_n$$

ДОКАЗАТЕЛЬСТВО. Пусть

$$X_i = \{x \in X : f(x) = f_i\}$$

Тогда

$$(5.1.5) \qquad X_i = \bigcup_{f(X_i) = f(F_n)} F_n$$

Из (5.1.5) следует, что

$$(5.1.6) \qquad \mu(X_i) = \sum_{f(X_i) = f(F_n)} \mu(F_n)$$

Так как ряд (5.1.3) сходится по норме, то

$$(5.1.7) \qquad \sum_n \mu(F_n) f_n = \sum_i \left(\sum_{f(X_i) = f(F_n)} \mu(F_n) \right) f(X_i) = \sum_i \mu(X_i) f(X_i)$$

следует из (5.1.6). (5.1.4) следует из (5.1.2), (5.1.7). $\square$

[5.3]Смотри аналогичное определение в [1], определение 2, с. 293.

[5.4]Мы не требуем $f_n \neq f_m$ при условии $n \neq m$. Однако мы требуем $F_n \cap F_m = \emptyset$. Смотри также лемма в [1], с. 293.

ТЕОРЕМА 5.1.4. *Пусть*

$$f : X \to A$$

$$g : X \to A$$

простые отображения. [5.5] *Если существуют интегралы*

$$\int_X d\mu(x) f(x)$$

$$\int_X d\mu(x) g(x)$$

то существует интеграл

$$\int_X d\mu(x)(f(x) + g(x))$$

и

$$(5.1.8) \qquad \int_X d\mu(x)(f(x) + g(x)) = \int_X d\mu(x) f(x) + \int_X d\mu(x) g(x)$$

ДОКАЗАТЕЛЬСТВО. Пусть f принимает значение f_n на множестве $F_n \subset X$. Пусть

$$(5.1.9) \qquad F_n \cap F_m = \emptyset$$

Пусть g принимает значение g_k на множестве $G_k \subset X$. Пусть

$$(5.1.10) \qquad G_k \cap G_l = \emptyset$$

Равенство

$$(5.1.11) \qquad \mu(F_n) = \sum_k \mu(F_n \cap G_k)$$

следует из равенства

$$F_n = \bigcup_k F_n \cap G_k$$

и условия (5.1.10). Равенство

$$(5.1.12) \qquad \mu(G_k) = \sum_n \mu(F_n \cap G_k)$$

следует из равенства

$$G_k = \bigcup_n F_n \cap G_k$$

и условия (5.1.9). Условие

$$(F_n \cap G_k) \cap (F_m \cap G_l) = \emptyset$$

следует из условий (5.1.9), (5.1.10).

[5.5]Смотри аналогичное утверждение в [1], свойство A, с. 294.

5.1.4.1: Так как отображение f интегрируемо, то равенство

$$
\begin{aligned}
\int_X d\mu(x)f(x) = \sum_n \mu(F_n)f_n &= \sum_n \left(\sum_k \mu(F_n \cap G_k) \right) f_n \\
&= \sum_n \sum_k \mu(F_n \cap G_k)f_n
\end{aligned}
$$

(5.1.13)

следует из (5.1.4), (5.1.11) и ряд

$$
\sum_n \sum_k \mu(F_n \cap G_k)f_n
$$

сходится по норме.

5.1.4.2: Так как отображение g интегрируемо, то равенство

$$
\begin{aligned}
\int_X d\mu(x)g(x) = \sum_k \mu(G_k)g_k &= \sum_k \left(\sum_n \mu(G_k \cap F_n) \right) g_k \\
&= \sum_k \sum_n \mu(G_k \cap F_n)g_k \\
&= \sum_n \sum_k \mu(F_n \cap G_k)g_k
\end{aligned}
$$

(5.1.14)

следует из (5.1.4), (5.1.12) и ряд

$$
\sum_k \sum_n \mu(F_n \cap G_k)g_k = \sum_n \sum_k \mu(F_n \cap G_k)g_k
$$

сходится по норме.

Из утверждений 5.1.4.1, 5.1.4.2 следует, что

$$
\begin{aligned}
&\int_X d\mu(x)f(x) + \int_X d\mu(x)g(x) \\
&= \sum_n \sum_k \mu(F_n \cap G_k)f_n + \sum_n \sum_k \mu(F_n \cap G_k)g_k \\
&= \sum_n \sum_k \mu(F_n \cap G_k)(f_n + g_k)
\end{aligned}
$$

(5.1.15)

и ряд

$$
\sum_n \sum_k \mu(F_n \cap G_k)(f_n + g_k)
$$

сходится по норме. Следовательно, согласно теореме 5.1.3, равенство (5.1.8) следует из (5.1.15). $\qquad\square$

ТЕОРЕМА 5.1.5. *Пусть*

$$
f : X \to A
$$

простое отображение. Интеграл

$$
\int_X d\mu(x)f(x)
$$

существует тогда и только тогда, когда интеграл

$$\int_X d\mu(x)\|f(x)\|$$

существует. Тогда

(5.1.16)
$$\left\|\int_X d\mu(x)f(x)\right\| \le \int_X d\mu(x)\|f(x)\|$$

Доказательство. Равенство

(5.1.17)
$$\sum_n \|\mu(F_n)f_n\| = \sum_n \mu(F_n)\|f_n\|$$

является следствием равенства

$$\|\mu(F_n)f_n\| = \mu(F_n)\|f_n\|$$

Следовательно, ряд

$$\sum_n \mu(F_n)f_n$$

сходится по норме тогда и только тогда, когда сходится ряд

$$\sum_n \mu(F_n)\|f_n\|$$

Неравенство (5.1.16) следует из неравенства

$$\left\|\sum_n \mu(F_n)f_n\right\| \le \sum_n \|\mu(F_n)f_n\|$$

равенства (5.1.17) и определения интеграла.   □

ТЕОРЕМА 5.1.6. *Пусть* $\omega \in \Omega$ *- n-арная операция в абелевой Ω-группе A. Пусть простое отображение*

$$f_i : X \to A \quad i = 1, ..., n$$

интегрируемо. Тогда отображение

$$h = f_1...f_n\omega$$

интегрируемо и

$$\left\|\int_X d\mu(x)h(x)\right\| \le \int_X d\mu(x)(\|\omega\|\|f_1(x)\|...\|f_n(x)\|)$$

Доказательство. Теорема является следствием теоремы 5.1.5 и неравенства (2.3.3).   □

ТЕОРЕМА 5.1.7. *Пусть на множестве X определена σ-аддитивная мера μ. Пусть*

$$f : A_1 \overset{*}{\longrightarrow} A_2$$

представление Ω_1-группы A_1 с нормой $\|x\|_1$ в Ω_2-группе A_2 с нормой $\|x\|_2$. Пусть

$$g_i : X \to A_i \quad i = 1, 2$$

простое интегрируемое отображение. Тогда отображение

$$h = f_X(g_1)(g_2)$$

интегрируемо и

$$\left\| \int_X d\mu(x) h(x) \right\|_2 \leq \int_X d\mu(x)(\|f\| \|g_1(x)\|_1 \|g_2(x)\|_2)$$

Доказательство. Теорема является следствием теоремы 5.1.5 и неравенства (2.3.5). $\square$

Теорема 5.1.8. *Пусть на множестве X определена σ-аддитивная мера μ. Пусть*

$$f : A_1 \dashrightarrow A_2$$

эффективное представление Ω_1-группы A_1 с нормой $\|x\|_1$ в Ω_2-группе A_2 с нормой $\|x\|_2$. Пусть преобразования представления f являются автоморфизмами представления

$$R \dashrightarrow A_2$$

Пусть

$$g_2 : X \to A_2$$

простое интегрируемое отображение в нормированную Ω-группу A_2. Тогда отображение

$$h = a_1 g_2$$

интегрируемо и

$$(5.1.18) \qquad \int_X d\mu(x)(a_1 g_2(x)) = a_1 \int_X d\mu(x) g_2(x)$$

Доказательство. Пусть g_2 принимает значение $g_{2 \cdot k}$ на множестве $G_k \subset X$. Пусть

$$G_k \cap G_l = \emptyset$$

Так как отображение g_2 интегрируемо, то равенство

$$(5.1.19) \qquad \int_X d\mu(x) g_2(x) = \sum_k \mu(G_k) g_{2 \cdot k}$$

следует из (5.1.4) и ряд в (5.1.19) сходится по норме. Согласно теореме 2.3.13,

$$\|a_1 g_{2 \cdot j}\|_2 \leq \|f\| \|a_1\|_1 \|g_{2 \cdot j}\|_2$$

Следовательно, ряд

$$\sum_k \mu(G_k)(a_1 g_{2 \cdot k})$$

сходится по норме. Так как преобразование, порождённое $a_1 \in A_1$, является автоморфизмом представления[5.6]

$$R \longrightarrow\!\!\!* A_2$$

равенство (5.1.18) следует из равенства

$$\sum_k \mu(G_k)(ag_{2 \cdot k}) = \sum_k a(\mu(G_k)g_{2 \cdot k}) = a \sum_k \mu(G_k)g_{2 \cdot k}$$

и теоремы 5.1.3.   □

ТЕОРЕМА 5.1.9. *Пусть на множестве X определена σ-аддитивная мера μ. Пусть*

$$f : A_1 \longrightarrow\!\!\!* A_2$$

эффективное представление Ω_1-группы A_1 с нормой $\|x\|_1$ в Ω_2-группе A_2 с нормой $\|x\|_2$. Пусть преобразования представления

$$R \longrightarrow\!\!\!* A_1$$

являются автоморфизмами представления f. Пусть

$$g_1 : X \to A_1$$

простое интегрируемое отображение в нормированную Ω-группу A_1. Тогда отображение

$$h = g_1 a_2$$

интегрируемо и

$$(5.1.20) \qquad \int_X d\mu(x)(g_1(x)a_2) = \left(\int_X d\mu(x)g_1(x) \right) a_2$$

ДОКАЗАТЕЛЬСТВО. Пусть g_1 принимает значение $g_{1 \cdot k}$ на множестве $G_k \subset X$. Пусть

$$G_k \cap G_l = \emptyset$$

Так как отображение g_1 интегрируемо, то равенство

$$(5.1.21) \qquad \int_X d\mu(x)g_1(x) = \sum_k \mu(G_k)g_{1 \cdot k}$$

следует из (5.1.4) и ряд в (5.1.21) сходится по норме. Согласно теореме 2.3.13,

$$\|g_{1 \cdot j}a_2\|_1 \le \|f\|\|g_{1 \cdot j}\|_1\|a_2\|_2$$

Следовательно, ряд

$$\sum_k \mu(G_k)(g_{1 \cdot k})a_2$$

[5.6] Для нас здесь важно, что для любых $p \in R$, $a_1 \in A_1$, $a_2, b_2 \in A_2$,

$$p(a_1 a_2) = a_1(p a_2)$$
$$a_1(a_2 + b_2) = a_1 a_2 + a_1 b_2$$

Смотри также определение 2.2.3.

сходится по норме. Так как преобразование представления

$$R \overset{*}{\longrightarrow} A_1$$

является автоморфизмом представления f, равенство[5.7] (5.1.20) следует из равенства

$$\sum_k \mu(G_k)(g_{1 \cdot k} a) = \sum_k (\mu(G_k) g_{1 \cdot k}) a = \left(\sum_k \mu(G_k) g_{1 \cdot k} \right) a$$

и теоремы 5.1.3.　　　　　　　　　　　　　　　　　　　　　　　$\square$

ТЕОРЕМА 5.1.10. *Пусть простое отображение*

$$f : X \to A$$

удовлетворяет условию

(5.1.22)　　　　　　　　　　　　$\|f(x)\| \le M$

Если мера множества X конечна, то

(5.1.23)　　　　　　$\int_X d\mu(x) \|f(x)\| \le M\mu(X)$

ДОКАЗАТЕЛЬСТВО. Пусть f принимает значение f_n на множестве $F_n \subset X$. Пусть $X = \bigcup_n F_n$, $F_n \cap F_m = \emptyset$. Согласно теореме 5.1.3, неравенство

(5.1.24)　　$\int_X d\mu(x) \|f(x)\| = \sum_n \mu(F_n) \|f_n\| \le M \sum_n \mu(F_n) = M\mu(X)$

следует из равенства (5.1.4) и неравенства (5.1.22). Неравенство (5.1.23) следует из неравенства (5.1.24).　　　　　　　　　　　　　　　$\square$

ТЕОРЕМА 5.1.11. *Пусть простое отображение*

$$f : X \to A$$

удовлетворяет условию

$$\|f(x)\| \le M$$

Если мера множества X конечна, то отображение f интегрируемо и

(5.1.25)　　　　　　$\left\| \int_X d\mu(x) f(x) \right\| \le M\mu(X)$

ДОКАЗАТЕЛЬСТВО. Интегрируемость отображения f следует из теорем 5.1.5, 5.1.10. Неравенство (5.1.25) следует из неравенств (5.1.16), (5.1.23).　$\square$

[5.7] Для нас здесь важно, что для любых $p \in R$, $a_1, b_1 \in A_1$, $a_2 \in A_2$,

$$p(a_1 a_2) = pf(a_1)(a_2) = f(pa_1)(a_2) = (pa_1)a_2$$

$$(a_1 + b_1)a_2 = a_1 a_2 + b_1 a_2$$

Смотри также определение 2.2.3.

5.2. Интеграл измеримого отображения на множестве конечной меры

Определение 5.2.1. *μ-измеримое отображение*

$$f : X \to A$$

называется **интегрируемым** *по множеству* X,[5.8] *если существует последовательность простых отображений*

$$f_n : X \to A$$

сходящаяся равномерно к f. *Если отображение* f *интегрируемо, то предел*

$$(5.2.1) \qquad \lim_{n \to \infty} \int_X d\mu(x) f_n(x)$$

называется **интегралом отображения** f *по множеству* X. ☐

Теорема 5.2.2. *Пусть*

$$f : X \to A$$

μ-измеримое отображение.[5.9] *Пусть мера множества* X *конечна.*

5.2.2.1: *Для любой равномерно сходящейся последовательности* f_n *простых интегрируемых отображений*

$$f_n : X \to A$$

предел (5.2.1) *существует.*

5.2.2.2: *Предел* (5.2.1) *не зависит от выбора последовательности* f_n.

5.2.2.3: *Для простого отображения, определение* 5.2.1 *сводится к определению* 5.1.2.

Доказательство. Согласно теореме 2.3.27, так как последовательность f_n сходится равномерно к отображению f, то для любого $\epsilon \in R$, $\epsilon > 0$, существует N такое, что

$$(5.2.2) \qquad \|f_n(x) - f_m(x)\| < \frac{\epsilon}{\mu(X)}$$

для любых n, $m > N$. Согласно теоремам 5.1.4, 5.1.11,

$$(5.2.3) \qquad \left\| \int_X d\mu(x) f_m(x) - \int_X d\mu(x) f_n(x) \right\| = \left\| \int_X d\mu(x)(f_m(x) - f_n(x)) \right\|$$
$$\leq \frac{\epsilon}{\mu(X)} \mu(X) = \epsilon$$

следует из неравенства (5.2.2) для любых n, $m > N$. Согласно определению 2.3.20 и неравенству (5.2.3), последовательность интегралов

$$\int_X d\mu(x) f_n(x)$$

[5.8]Смотри также определение [1]-3, страницы 294, 295.

[5.9]Смотри также анализ определения [1]-3, страница 295.

является фундаментальной. Следовательно, существует предел (5.2.1) и утверждение 5.2.2.1 верно.

Пусть $f_{1 \cdot n}$, $f_{2 \cdot n}$ - фундаментальные последовательности простых отображений, равномерно сходящиеся к f. Согласно определению 2.3.26, так как последовательность $f_{1 \cdot n}$ сходится равномерно к отображению f, то для любого $\epsilon \in R$, $\epsilon > 0$, существует N_1 такое, что

$$(5.2.4) \qquad \|f_{1 \cdot n}(x) - f(x)\| < \frac{\epsilon}{2\mu(X)}$$

для любых $n > N_1$. Согласно определению 2.3.26, так как последовательность $f_{2 \cdot n}$ сходится равномерно к отображению f, то для любого $\epsilon \in R$, $\epsilon > 0$, существует N_2 такое, что

$$(5.2.5) \qquad \|f_{2 \cdot n}(x) - f(x)\| < \frac{\epsilon}{2\mu(X)}$$

для любых $n > N_2$. Пусть

$$N = \max(N_1, N_2)$$

Из неравенств (5.2.4), (5.2.5) следует, что для заданного $\epsilon \in R$, $\epsilon > 0$, существует, зависящее от ϵ, натуральное число N такое, что

$$
\begin{aligned}
(5.2.6) \qquad \|f_{1 \cdot n}(x) - f_{2 \cdot n}(x)\| &= \|f_{1 \cdot n}(x) - f(x) + f(x) - f_{2 \cdot n}(x)\| \\
&\leq \|f_{1 \cdot n}(x) - f(x)\| + \|f_{2 \cdot n}(x) - f(x)\| \\
&< \frac{\epsilon}{\mu(X)}
\end{aligned}
$$

для любого $n > N$. Согласно теоремам 5.1.4, 5.1.11,

$$
\begin{aligned}
(5.2.7) \qquad \left\| \int_X d\mu(x) f_{1 \cdot n}(x) - \int_X d\mu(x) f_{2 \cdot n}(x) \right\| &= \left\| \int_X d\mu(x)(f_{1 \cdot n}(x) - f_{2 \cdot n}(x)) \right\| \\
&\leq \frac{\epsilon}{\mu(X)} \mu(X) = \epsilon
\end{aligned}
$$

следует из неравенства (5.2.6) для любого $n > N$. Согласно теореме 2.3.18 и определению 2.3.19,

$$(5.2.8) \qquad \lim_{n \to \infty} \int_X d\mu(x) f_{1 \cdot n}(x) = \lim_{n \to \infty} \int_X d\mu(x) f_{2 \cdot n}(x)$$

следует из неравенства (5.2.7) для любого $n > N$. Из равенства (5.2.8) следует, что утверждение 5.2.2.2 верно.

Пусть f - простое отображение. Для доказательства справедливости утверждения 5.2.2.3 достаточно рассмотреть последовательность, в которой $f_n = f$ для любого n. $\qquad \square$

ТЕОРЕМА 5.2.3. *Пусть*

$$f : X \to A$$

$$g : X \to A$$

μ-измеримые отображения с компактным множеством значений. Если существуют интегралы

$$\int_X d\mu(x) f(x)$$

$$\int_X d\mu(x) g(x)$$

то существует интеграл

$$\int_X d\mu(x)(f(x) + g(x))$$

и

$$(5.2.9) \qquad \int_X d\mu(x)(f(x) + g(x)) = \int_X d\mu(x) f(x) + \int_X d\mu(x) g(x)$$

Доказательство. Согласно теореме 4.3.2, существует последовательность простых отображений

$$f_n : X \to A$$

сходящаяся равномерно к f. Согласно теореме 5.2.2, для любого $\epsilon \in R, \epsilon > 0$, существует N_1 такое, что

$$(5.2.10) \qquad \left\| \int_X d\mu(x) f(x) - \int_X d\mu(x) f_n(x) \right\| < \frac{\epsilon}{2}$$

для любого $n > N_1$. Согласно теореме 4.3.2, существует последовательность простых отображений

$$g_n : X \to A$$

сходящаяся равномерно к g. Согласно теореме 5.2.2, для любого $\epsilon \in R, \epsilon > 0$, существует N_2 такое, что

$$(5.2.11) \qquad \left\| \int_X d\mu(x) g(x) - \int_X d\mu(x) g_n(x) \right\| < \frac{\epsilon}{2}$$

для любого $n > N_2$. Пусть

$$N = \max(N_1, N_2)$$

Согласно теореме 5.1.4, для любого $n > N$ существует интеграл

$$(5.2.12) \qquad \int_X d\mu(x)(f_n(x) + g_n(x)) = \int_X d\mu(x) f_n(x) + \int_X d\mu(x) g_n(x)$$

Согласно теореме 4.3.4, отображение

$$(5.2.13) \qquad h = f + g$$

является μ-измеримым отображением и

$$(5.2.14) \qquad h(x) = \lim_{n \to \infty} f_n(x) + g_n(x)$$

Если k, $n > N$, то
(5.2.15)

$$\left\| \int_X d\mu(x)(f_n(x) + g_n(x)) - \int_X d\mu(x)(f_k(x) + g_k(x)) \right\|$$

$$= \left\| \int_X d\mu(x)f_n(x) + \int_X d\mu(x)g_n(x) - \int_X d\mu(x)f_k(x) - \int_X d\mu(x)g_k(x) \right\|$$

$$\leq \left\| \int_X d\mu(x)f_n(x) - \int_X d\mu(x)f(x) \right\| + \left\| \int_X d\mu(x)f_k(x) - \int_X d\mu(x)f(x) \right\|$$

$$+ \left\| \int_X d\mu(x)g_n(x) - \int_X d\mu(x)g(x) \right\| + \left\| \int_X d\mu(x)g_k(x) - \int_X d\mu(x)g(x) \right\|$$

$$< 2\epsilon$$

следует из (5.2.10), (5.2.11), (5.2.12). Согласно определению 2.3.20, из неравенства (5.2.15) следует, что последовательность интегралов (5.2.12) является фундаментальной. Следовательно, согласно утверждениям (5.2.13), (5.2.14) и теореме 5.2.2, существует интеграл

(5.2.16) $$\int_X d\mu(x)(f(x) + g(x)) = \lim_{n \to \infty} \int_X d\mu(x)(f_n(x) + g_n(x))$$

Если $n > N$, то
(5.2.17)

$$\left\| \int_X d\mu(x)f(x) + \int_X d\mu(x)g(x) - \int_X d\mu(x)(f_n(x) + g_n(x)) \right\|$$

$$= \left\| \int_X d\mu(x)f(x) + \int_X d\mu(x)g(x) - \int_X d\mu(x)f_n(x) - \int_X d\mu(x)g_n(x) \right\|$$

$$\leq \left\| \int_X d\mu(x)f_n(x) - \int_X d\mu(x)f(x) \right\| + \left\| \int_X d\mu(x)g_n(x) - \int_X d\mu(x)g(x) \right\|$$

$$< \epsilon$$

следует из (5.2.10), (5.2.11), (5.2.12). Из неравенства (5.2.17) следует, что последовательность интегралов (5.2.12) является фундаментальной. Согласно определению 2.3.19,

(5.2.18) $$\int_X d\mu(x)f(x) + \int_X d\mu(x)g(x) = \lim_{n \to \infty} \int_X d\mu(x)(f_n(x) + g_n(x))$$

Равенство (5.2.9) следует из равенств (5.2.16), (5.2.18). $\square$

ТЕОРЕМА 5.2.4. *Пусть*

$$f : X \to A$$

измеримое отображение. Интеграл

$$\int_X d\mu(x)f(x)$$

существует тогда и только тогда, когда интеграл

$$\int_X d\mu(x)\|f(x)\|$$

существует. Тогда

(5.2.19)
$$\left\|\int_X d\mu(x)f(x)\right\| \le \int_X d\mu(x)\|f(x)\|$$

ДОКАЗАТЕЛЬСТВО. Теорема является следствием теоремы 5.1.5 и определения 5.2.1. □

ТЕОРЕМА 5.2.5. *Пусть $\omega \in \Omega$ - n-арная операция в абелевой Ω-группе A. Пусть*

$$f_i : X \to A \quad i = 1, ..., n$$

μ-измеримое отображение с компактным множеством значений. Если отображение f_i, $i = 1, ..., n$, интегрируемо, то отображение

$$h = f_1...f_n\omega$$

интегрируемо и

(5.2.20)
$$\left\|\int_X d\mu(x)h(x)\right\| \le \int_X d\mu(x)(\|\omega\|\|f_1(x)\|...\|f_n(x)\|)$$

ДОКАЗАТЕЛЬСТВО. Так как множество значений отображения f_i компактно, то, согласно теореме 2.3.18, определена следующая величина

(5.2.21)
$$F_i = \sup\|f_i(x)\|$$

Из равенства (5.2.21) и утверждения 2.3.5.1 следует, что

(5.2.22)
$$F_i \ge 0$$

Согласно теореме 4.3.2, для $i = 1, ..., n$, существует последовательность простых отображений

$$f_{i\cdot m} : X \to A$$

сходящаяся равномерно к f_i. Из равенства

$$f_i(x) = \lim_{m\to\infty} f_{i\cdot m}(x)$$

и определения 2.3.26 следует, что для заданного

(5.2.23)
$$\delta_1 \in R, \ \delta_1 > 0$$

существует M_i такое, что из условия $m > M_i$ следует

(5.2.24)
$$\|f_{i\cdot m}(x) - f_i(x)\| < \delta_1$$

Пусть

$$M = \max(M_1, ..., M_n)$$

Для k, $m > M$, неравенство

(5.2.25)
$$\|f_{i\cdot k}(x) - f_{i\cdot m}(x)\| = \|f_{i\cdot k}(x) - f_i(x) + f_i(x) - f_{i\cdot m}(x)\|$$
$$\leq \|f_{i\cdot k}(x) - f_i(x)\| + \|f_i(x) - f_{i\cdot m}(x)\| < 2\delta_1$$

следует из неравенства (5.2.24) и утверждения 2.3.5.3. Для $m > M$, неравенство

(5.2.26)
$$\|f_{i\cdot m}(x)\| < F_i + \delta_1$$

следует из (2.3.1), (5.2.21), (5.2.24) и неравенства

$$\|f_{i\cdot m}(x)\| - \|f_i(x)\| \leq \|f_{i\cdot m}(x) - f_i(x)\| < \delta_1$$

Согласно теореме 5.1.6, для любого $m > M$ существует интеграл

(5.2.27)
$$\int_X d\mu(x)(f_{1\cdot m}(x)...f_{n\cdot m}(x)\omega)$$

Согласно утверждению 2.3.5.3,

$$\left\| \int_X d\mu(x)(f_{1\cdot k}(x)...f_{n\cdot k}(x)\omega) - \int_X d\mu(x)(f_{1\cdot m}(x)...f_{n\cdot m}(x)\omega) \right\|$$

$$= \left\| \int_X d\mu(x)(f_{1\cdot k}(x)f_{2\cdot k}(x)...f_{n\cdot k}(x)\omega) \right.$$

$$- \int_X d\mu(x)(f_{1\cdot m}(x)f_{2\cdot k}(x)...f_{n\cdot k}(x)\omega)$$

$$+ \int_X d\mu(x)(f_{1\cdot m}(x)f_{2\cdot k}(x)...f_{n\cdot k}(x)\omega)$$

(5.2.28)
$$\left. - ... - \int_X d\mu(x)(f_{1\cdot m}(x)...f_{n\cdot m}(x)\omega) \right\|$$

$$\leq \left\| \int_X d\mu(x)(f_{1\cdot k}(x)f_{2\cdot k}(x)...f_{n\cdot k}(x)\omega) \right.$$

$$\left. - \int_X d\mu(x)(f_{1\cdot m}(x)f_{2\cdot k}(x)...f_{n\cdot k}(x)\omega) \right\|$$

$$+ ... + \left\| \int_X d\mu(x)(f_{1\cdot m}(x)...f_{n-1\cdot m}(x)f_{n\cdot k}(x)\omega) \right.$$

$$\left. - \int_X d\mu(x)(f_{1\cdot m}(x)...f_{n-1\cdot m}(x)f_{n\cdot m}(x)\omega) \right\|$$

Согласно определению 2.3.3,

$$\left\| \int_X d\mu(x)(f_{1\cdot k}(x)...f_{n\cdot k}(x)\omega) - \int_X d\mu(x)(f_{1\cdot m}(x)...f_{n\cdot m}(x)\omega) \right\|$$

$$\le \left\| \int_X d\mu(x)(f_{1\cdot k}(x)f_{2\cdot k}(x)...f_{n\cdot k}(x)\omega - f_{1\cdot m}(x)f_{2\cdot k}(x)...f_{n\cdot k}(x)\omega) \right\| + ...$$

$$+ \left\| \int_X d\mu(x)(f_{1\cdot m}(x)...f_{n-1\cdot m}(x)f_{n\cdot k}(x)\omega \right.$$

(5.2.29)

$$\left. - f_{1\cdot m}(x)...f_{n-1\cdot m}(x)f_{n\cdot m}(x)\omega) \right\|$$

$$= \left\| \int_X d\mu(x)((f_{1\cdot k}(x) - f_{1\cdot m}(x))f_{2\cdot k}(x)...f_{n\cdot k}(x)\omega) \right\| + ...$$

$$+ \left\| \int_X d\mu(x)(f_{1\cdot m}(x)...f_{n-1\cdot m}(x)(f_{n\cdot k}(x) - f_{n\cdot m}(x))\omega) \right\|$$

следует из (5.2.9), (5.2.28). Согласно теореме 5.1.6, для любого $m > M$ неравенство

$$\left\| \int_X d\mu(x)(f_{1\cdot k}(x)...f_{n\cdot k}(x)\omega) - \int_X d\mu(x)(f_{1\cdot m}(x)...f_{n\cdot m}(x)\omega) \right\|$$

(5.2.30)

$$\le \int_X d\mu(x)(\|\omega\| \, \|f_{1\cdot k}(x) - f_{1\cdot m}(x)\| \, \|f_{2\cdot k}(x)\|...\|f_{n\cdot k}(x)\|) + ...$$

$$+ \int_X d\mu(x)(\|\omega\| \, \|f_{1\cdot m}(x)\|...\|f_{n-1\cdot m}(x)\|\|f_{n\cdot k}(x) - f_{n\cdot m}(x)\|\|)$$

$$\le 2\mu(x)\|\omega\|\delta_1((F_2 + \delta_1)...(F_n + \delta_1) + ... + (F_1 + \delta_1)...(F_{n-1} + \delta_1))$$

следует из неравенств (5.2.25), (5.2.26), (5.2.29). Пусть

(5.2.31) $\epsilon_1 = 2\mu(x)\|\omega\|\delta_1((F_2 + \delta_1)...(F_n + \delta_1) + ... + (F_1 + \delta_1)...(F_{n-1} + \delta_1))$

Из утверждений (5.2.22), (5.2.23) следует, что

(5.2.32) $\epsilon_1 > 0 \quad \dfrac{d\epsilon_1}{d\delta_1} > 0$

Из равенства (5.2.31) и утверждения (5.2.32) следует, что ϵ_1 является полиномиальной строго монотонно возрастающей функцией $\delta_1 > 0$. При этом

$$\delta_1 = 0 \Rightarrow \epsilon_1 = 0$$

Согласно теореме 2.3.9, отображение (5.2.31) отображает интервал $[0, \delta_1)$ в интервал $[0, \epsilon_1)$. Согласно теореме 2.3.8, для заданного $\epsilon > 0$ существует такое $\delta > 0$, что

$$\epsilon_1(\delta) < \epsilon$$

Согласно построению, значение M зависит от значения δ_1. Мы выберем значение M, соответствующее $\delta_1 = \delta$. Следовательно, для заданного $\epsilon \in R$,

$\epsilon > 0$, существует M такое, что из условия $m > M$ следует

$$(5.2.33) \quad \left\| \int_X d\mu(x)(f_{1\cdot k}(x)...f_{n\cdot k}(x)\omega) - \int_X d\mu(x)(f_{1\cdot m}(x)...f_{n\cdot m}(x)\omega) \right\| < \epsilon$$

Из равенства (5.2.33) следует, что последовательность интегралов (5.2.27) является фундаментальной последовательностью. Следовательность, последовательность интегралов (5.2.27) имеет предел

$$(5.2.34) \quad \int_X d\mu(x)(f_1(x)...f_n(x)\omega) = \lim_{m\to\infty} \int_X d\mu(x)(f_{1\cdot m}(x)...f_{n\cdot m}(x)\omega)$$

Согласно теореме 5.1.6, для любого $m > M$

$$(5.2.35) \quad \left\| \int_X d\mu(x)(f_{1\cdot m}(x)...f_{n\cdot m}(x)\omega) \right\| \leq \int_X d\mu(x)(\|\omega\| \|f_{1\cdot m}(x)\|...\|f_{n\cdot m}(x)\|)$$

Неравенство (5.2.20) следует из неравенства (5.2.35) при предельном переходе $m \to \infty$. $\qquad\square$

Теорема 5.2.6. *Пусть на множестве X определена σ-аддитивная мера μ. Пусть*

$$f : A_1 \relbar\joinrel\twoheadrightarrow A_2$$

представление Ω_1-группы A_1 с нормой $\|x\|_1$ в Ω_2-группе A_2 с нормой $\|x\|_2$. Пусть

$$g_i : X \to A_i \quad i = 1, 2$$

интегрируемое отображение с компактным множеством значений. Тогда отображение

$$h = f_X(g_1)(g_2)$$

интегрируемо и

$$(5.2.36) \quad \left\| \int_X d\mu(x)h(x) \right\|_2 \leq \int_X d\mu(x)(\|f\| \|g_1(x)\|_1 \|g_2(x)\|_2)$$

Доказательство. Так как множество значений отображения g_i компактно, то, согласно теореме 2.3.18, определена следующая величина

$$(5.2.37) \quad G_i = \sup \|g_i(x)\|_i$$

Из равенства (5.2.37) и утверждения 2.3.5.1 следует, что

$$(5.2.38) \quad G_i \geq 0$$

Согласно теореме 4.3.2, для $i = 1, 2$, существует последовательность простых отображений

$$g_{i\cdot n} : X \to A_i$$

сходящаяся равномерно к g_i. Из равенства

$$g_i(x) = \lim_{n\to\infty} g_{i\cdot n}(x)$$

и теоремы 2.3.27 следует, что для заданного

$$(5.2.39) \qquad \delta_1 \in R, \ \delta_1 > 0$$

существует N_i такое, что из условия $n > N_i$ следует

$$(5.2.40) \qquad \|g_{i \cdot n}(x) - g_i(x)\|_i < \delta_1$$

Пусть

$$N = \max(N_1, N_2)$$

Для $k, n > N$, неравенство

$$
\begin{aligned}
(5.2.41) \quad \|g_{i \cdot k}(x) - g_{i \cdot n}(x)\|_i &= \|g_{i \cdot k}(x) - g_i(x) + g_i(x) - g_{i \cdot n}(x)\|_i \\
&\le \|g_{i \cdot k}(x) - g_i(x)\|_i + \|g_i(x) - g_{i \cdot n}(x)\|_i < 2\delta_1
\end{aligned}
$$

следует из неравенства (5.2.40) и утверждения 2.3.5.3. Для $n > N$, неравенство

$$(5.2.42) \qquad \|g_{i \cdot n}(x)\|_i < G_i + \delta_1$$

следует из (2.3.1), (5.2.37), (5.2.40) и неравенства

$$\|g_{i \cdot n}(x)\|_i - \|g_i(x)\|_i \le \|g_{i \cdot n}(x) - g_i(x)\|_i < \delta_1$$

Согласно теореме 5.1.7, для любого $n > N$ существует интеграл

$$(5.2.43) \qquad \int_X d\mu(x)(f(g_{1 \cdot n}(x))(g_{2 \cdot n}(x)))$$

Согласно утверждению 2.3.5.3,

$$
\begin{aligned}
(5.2.44) \quad & \left\| \int_X d\mu(x)(f(g_{1 \cdot k}(x))(g_{2 \cdot k}(x))) - \int_X d\mu(x)(f(g_{1 \cdot n}(x))(g_{2 \cdot n}(x))) \right\|_2 \\
&= \left\| \int_X d\mu(x)(f(g_{1 \cdot k}(x))(g_{2 \cdot k}(x))) - \int_X d\mu(x)(f(g_{1 \cdot n}(x))(g_{2 \cdot k}(x))) \right. \\
&\quad \left. + \int_X d\mu(x)(f(g_{1 \cdot n}(x))(g_{2 \cdot k}(x))) - \int_X d\mu(x)(f(g_{1 \cdot n}(x))(g_{2 \cdot n}(x))) \right\|_2 \\
&\le \left\| \int_X d\mu(x)(f(g_{1 \cdot k}(x))(g_{2 \cdot k}(x))) - \int_X d\mu(x)(f(g_{1 \cdot n}(x))(g_{2 \cdot k}(x))) \right\|_2 \\
&\quad + \left\| \int_X d\mu(x)(f(g_{1 \cdot n}(x))(g_{2 \cdot k}(x))) - \int_X d\mu(x)(f(g_{1 \cdot n}(x))(g_{2 \cdot n}(x))) \right\|_2
\end{aligned}
$$

Согласно определению 2.2.1, отображение f является гомоморфизмом абелевой группы A_1 и для любого $a_1 \in A_1$ отображение $f(a_1)$ является гомоморфизмом абелевой группы A_2. Следовательно,

$$
\begin{aligned}
& \left\| \int_X d\mu(x)(f(g_{1 \cdot k}(x))(g_{2 \cdot k}(x))) - \int_X d\mu(x)(f(g_{1 \cdot n}(x))(g_{2 \cdot n}(x))) \right\|_2 \\
& \leq \left\| \int_X d\mu(x)(f(g_{1 \cdot k}(x))(g_{2 \cdot k}(x)) - f(g_{1 \cdot n}(x))(g_{2 \cdot k}(x))) \right\|_2 \\
& + \left\| \int_X d\mu(x)(f(g_{1 \cdot n}(x))(g_{2 \cdot k}(x))) - f(g_{1 \cdot n}(x))(g_{2 \cdot n}(x))) \right\|_2 \\
& = \left\| \int_X d\mu(x)(f(g_{1 \cdot k}(x) - g_{1 \cdot n}(x))g_{2 \cdot k}(x))) \right\|_2 \\
& + \left\| \int_X d\mu(x)(f(g_{1 \cdot n}(x))(g_{2 \cdot k}(x) - g_{2 \cdot n}(x))) \right\|_2
\end{aligned}
$$
(5.2.45)

следует из (5.2.9), (5.2.44). Согласно теореме 5.1.7, для любого $n > N$ неравенство

$$
\begin{aligned}
& \left\| \int_X d\mu(x)(f(g_{1 \cdot k}(x))(g_{2 \cdot k}(x))) - \int_X d\mu(x)(f(g_{1 \cdot n}(x))(g_{2 \cdot n}(x))) \right\|_2 \\
& \leq \int_X d\mu(x)(\|f\| \, \|g_{1 \cdot k}(x) - g_{1 \cdot n}(x)\|_1 \, \|g_{2 \cdot k}(x)\|_2) \\
& + \int_X d\mu(x)(\|f\| \, \|g_{1 \cdot n}(x)\|_1 \, \|g_{2 \cdot k}(x) - f_{2 \cdot n}(x)\|\|_2) \\
& \leq 2\mu(x)\|f\|\delta_1((G_2 + \delta_1) + (G_1 + \delta_1))
\end{aligned}
$$
(5.2.46)

следует из неравенств (5.2.41), (5.2.42), (5.2.45). Пусть

$$(5.2.47) \qquad \epsilon_1 = 2\mu(x)\|f\|\delta_1((G_2 + \delta_1) + (G_1 + \delta_1))$$

Из утверждений (5.2.38), (5.2.39) следует, что

$$(5.2.48) \qquad \epsilon_1 > 0 \quad \frac{d\epsilon_1}{d\delta_1} > 0$$

Из равенства (5.2.47) и утверждения (5.2.48) следует, что ϵ_1 является полиномиальной строго монотонно возрастающей функцией $\delta_1 > 0$. При этом

$$\delta_1 = 0 \Rightarrow \epsilon_1 = 0$$

Согласно теореме 2.3.9, отображение (5.2.47) отображает интервал $[0, \delta_1)$ в интервал $[0, \epsilon_1)$. Согласно теореме 2.3.8, для заданного $\epsilon > 0$ существует такое $\delta > 0$, что

$$\epsilon_1(\delta) < \epsilon$$

Согласно построению, значение N зависит от значения δ_1. Мы выберем значение N, соответствующее $\delta_1 = \delta$. Следовательно, для заданного $\epsilon \in R$, $\epsilon > 0$, существует N такое, что из условия $n > N$ следует

$$(5.2.49) \qquad \left\| \int_X d\mu(x)(f(g_{1 \cdot k}(x))(g_{2 \cdot k}(x))) - \int_X d\mu(x)(f(g_{1 \cdot n}(x))(g_{2 \cdot n}(x))) \right\|_2 < \epsilon$$

Из равенства (5.2.49) следует, что последовательность интегралов (5.2.43) является фундаментальной последовательностью. Следовательность, последовательность интегралов (5.2.43) имеет предел

$$(5.2.50) \qquad \int_X d\mu(x)(f(g_1(x))(g_2(x))) = \lim_{n \to \infty} \int_X d\mu(x)(f(g_{1 \cdot n}(x))(g_{2 \cdot n}(x)))$$

Согласно теореме 5.1.7, для любого $n > N$

$$(5.2.51) \qquad \left\| \int_X d\mu(x)(f(g_{1 \cdot n}(x))(g_{2 \cdot n}(x))) \right\|_2 \le \int_X d\mu(x)(\|f\| \|g_{1 \cdot n}(x)\|_1 \|g_{2 \cdot n}(x)\|_2)$$

Неравенство (5.2.36) следует из неравенства (5.2.51) при предельном переходе $n \to \infty$. $\qquad \square$

ТЕОРЕМА 5.2.7. *Пусть на множестве X определена σ-аддитивная мера μ. Пусть*

$$f : A_1 \dashrightarrow A_2$$

эффективное представление Ω_1-группы A_1 с нормой $\|x\|_1$ в Ω_2-группе A_2 с нормой $\|x\|_2$. Пусть преобразования представления f являются автоморфизмами представления

$$R \longrightarrow A_2$$

Пусть

$$g_2 : X \to A_2$$

интегрируемое отображение в нормированную Ω-группу A_2. Тогда отображение

$$h = a_1 g_2$$

интегрируемо и

$$\int_X d\mu(x)(a_1 g_2(x)) = a_1 \int_X d\mu(x) g_2(x)$$

ДОКАЗАТЕЛЬСТВО. Теорема является следствием теоремы 5.1.8 и определения 5.2.1. $\qquad \square$

ТЕОРЕМА 5.2.8. *Пусть на множестве X определена σ-аддитивная мера μ. Пусть*

$$f : A_1 \dashrightarrow A_2$$

эффективное представление Ω_1-группы A_1 с нормой $\|x\|_1$ в Ω_2-группе A_2 с нормой $\|x\|_2$. Пусть преобразования представления

$$R \longrightarrow A_1$$

являются автоморфизмами представления f. Пусть

$$g_1 : X \to A_1$$

интегрируемое отображение в нормированную Ω-группу A_1. Тогда отображение

$$h = g_1 a_2$$

интегрируемо и

$$\int_X d\mu(x)(g_1(x)a_2) = \left(\int_X d\mu(x)g_1(x)\right)a_2$$

Доказательство. Теорема является следствием теоремы 5.1.9 и определения 5.2.1. ☐

Теорема 5.2.9. *Пусть μ-измеримое отображение*

$$f : X \to A$$

удовлетворяет условию

$$\|f(x)\| \le M$$

Если мера множества X конечна, то

(5.2.52)
$$\int_X d\mu(x)\|f(x)\| \le M\mu(X)$$

Доказательство. Теорема является следствием теоремы 5.1.10 и определения 5.2.1. ☐

Теорема 5.2.10. *Пусть μ-измеримое отображение*

$$f : X \to A$$

удовлетворяет условию

$$\|f(x)\| \le M$$

Если мера множества X конечна, то отображение f интегрируемо и

(5.2.53)
$$\left\|\int_X d\mu(x)f(x)\right\| \le M\mu(X)$$

Доказательство. Интегрируемость отображения f следует из теорем 5.2.4, 5.2.9. Неравенство (5.2.53) следует из неравенств (5.2.19), (5.2.52). ☐

5.3. Интеграл Лебега как отображение множества

Рассмотрим μ-измеримое отображение

$$f : X \to A$$

в Ω-группу A. Пусть $\mathcal{C}_X$ - σ-алгебра измеримых множеств множества X. Если $Y \in \mathcal{C}_X$, то мы можем рассматривать выражение

(5.3.1)
$$F(Y) = \int_Y d\mu(x)f(x)$$

как отображение

$$F : \mathcal{C}_X \to A$$

Лемма 5.3.1. *Пусть*

$$f : X \to A$$

простое отображение. Пусть

$$(5.3.2) \qquad X = \bigcup_i X_i \quad i \neq j => X_i \cap X_j = \emptyset$$

конечное или счётное объединение множеств X_i. Отображение f интегрируемо по множеству X тогда и только тогда, когда отображение f интегрируемо по каждому X_i

$$(5.3.3) \qquad \int_X d\mu(x) f(x) = \sum_i \int_{X_i} d\mu(x) f(x)$$

где ряд в правой части сходится по норме.

Доказательство. Пусть множество $\{f_1, f_2, ...\}$ является областью определения отображения f. Пусть

$$(5.3.4) \qquad F_n = \{x \in X : f(x) = f_n\}$$

$$(5.3.5) \qquad F_{in} = \{x \in X_i : f(x) = f_n\}$$

Равенства

$$(5.3.6) \qquad F_{in} = F_n \cap X_i$$

$$(5.3.7) \qquad F_n = \bigcup_i F_{in}$$

следуют из равенств (5.3.2), (5.3.4), (5.3.5). Равенство

$$(5.3.8) \qquad F_{in} \cap F_{im} = \emptyset$$

следует из равенств (5.3.2), (5.3.6). Равенство

$$(5.3.9) \qquad \mu(F_n) = \sum_n \mu(F_{in})$$

следует из равенств (5.3.7), (5.3.8) и утверждения 3.2.10.2. Равенство

$$(5.3.10) \quad \int_X d\mu(x) f(x) = \sum_n \mu(F_n) f_n = \sum_n \left(\sum_i \mu(F_{in}) \right) f_n = \sum_n \sum_i \mu(F_{in}) f_n$$

следует из равенств (5.1.1), (5.3.9). Неравенство

$$(5.3.11) \qquad \|\mu(F_{in}) f_n\| \leq \|\mu(F_n) f_n\| \leq \sum_i \|\mu(F_{in}) f_n\|$$

следует из равенств (5.3.9), (5.3.6) и утверждения 2.3.5.3. Неравенство

$$(5.3.12) \qquad \sum_n \|\mu(F_{in}) f_i\| \leq \sum_n \|\mu(F_n) f_n\| \leq \sum_n \sum_i \|\mu(F_{in}) f_n\|$$

следует из неравенства (5.3.11). Сходимость по норме ряда $\sum\limits_{n}\sum\limits_{i}\|\mu(F_{in})f_n\|$ означает

$$(5.3.13) \qquad \sum_{n}\sum_{i}\|\mu(F_{in})f_n\| = \sum_{i}\sum_{n}\|\mu(F_{in})f_n\|$$

$$(5.3.14) \qquad \sum_{n}\sum_{i}\mu(F_{in})f_n = \sum_{i}\sum_{n}\mu(F_{in})f_n$$

Из (5.3.12), (5.3.13) следует, что ряд $\sum\limits_{n}\mu(F_n)f_n$ сходится нормально тогда и только тогда, когда для любого i ряд $\sum\limits_{n}\mu(F_{in})f_n$ сходится нормально. Согласно определению 5.1.2 для каждого i, определён интеграл

$$(5.3.15) \qquad \int_{X_i} d\mu(x)f(x) = \sum_{n}\mu(F_{in})f_n$$

Следовтельно, отображение f интегрируемо по множеству X тогда и только тогда, когда отображение f интегрируемо по каждому X_i. Равенство (5.3.3) следует из равенств (5.3.10), (5.3.14), (5.3.15). $\qquad\square$

Теорема 5.3.2 (σ-аддитивность интеграла Лебега). *Пусть*

$$f : X \to A$$

μ-измеримое отображение. Пусть

$$(5.3.16) \qquad X = \bigcup_{i} X_i \quad i \neq j => X_i \cap X_j = \emptyset$$

конечное или счётное объединение множеств X_i. Отображение f интегрируемо по множеству X тогда и только тогда, когда отображение f интегрируемо по каждому X_i

$$(5.3.17) \qquad \int_{X} d\mu(x)f(x) = \sum_{i}\int_{X_i} d\mu(x)f(x)$$

где ряд в правой части сходится по норме.

Доказательство. Согласно определению 5.2.1, для любого $\epsilon \in R, \epsilon > 0$, существует простое отображение

$$g : X \to A$$

интегрируемое на X и такое, что для любого $x \in X$

$$(5.3.18) \qquad \|f(x) - g(x)\| < \frac{\epsilon}{2\mu(X)}$$

Согласно лемме 5.3.1,

$$(5.3.19) \qquad \int_{X} d\mu(x)g(x) = \sum_{i}\int_{X_i} d\mu(x)g(x)$$

где g интегрируема на каждом X_i и ряд (5.3.19) сходится. Согласно теореме 5.2.2, отображение f интегрируема на каждом X_i. Согласно теореме 5.2.10,

$$(5.3.20) \quad \left\| \int_X d\mu(x)f(x) - \int_X d\mu(x)g(x) \right\| = \left\| \int_X d\mu(x)(f(x) - g(x)) \right\| \\ < \frac{\epsilon}{2\mu(X)}\mu(X) = \frac{\epsilon}{2}$$

$$(5.3.21) \quad \left\| \int_{X_i} d\mu(x)f(x) - \int_{X_i} d\mu(x)g(x) \right\| = \left\| \int_{X_i} d\mu(x)(f(x) - g(x)) \right\| \\ < \frac{\epsilon}{2\mu(X)}\mu(X_i)$$

следуют из (5.3.18). Согласно утверждениям 2.3.5.3, 3.2.10.2,

$$(5.3.22) \quad \begin{aligned} & \left\| \sum_i \int_{X_i} d\mu(x)f(x) - \int_X d\mu(x)g(x) \right\| \\ = & \left\| \sum_i \int_{X_i} d\mu(x)f(x) - \sum_i \int_{X_i} d\mu(x)g(x) \right\| \\ = & \left\| \sum_i \left(\int_{X_i} d\mu(x)f(x) - \int_{X_i} d\mu(x)g(x) \right) \right\| \\ < & \sum_i \left\| \int_{X_i} d\mu(x)(f(x) - g(x)) \right\| \\ < & \frac{\epsilon}{2\mu(X)} \sum_i \mu(X_i) = \frac{\epsilon}{2} \end{aligned}$$

следует из (5.2.9), (5.3.21). Неравенство

$$(5.3.23) \quad \begin{aligned} 0 \le & \left\| \int_X d\mu(x)f(x) - \sum_i \int_{X_i} d\mu(x)f(x) \right\| \\ = & \left\| \int_X d\mu(x)f(x) - \int_X d\mu(x)g(x) \right. \\ & \left. + \int_X d\mu(x)g(x) - \sum_i \int_{X_i} d\mu(x)f(x) \right\| \\ \le & \left\| \int_X d\mu(x)f(x) - \int_X d\mu(x)g(x) \right\| \\ & + \left\| \int_X d\mu(x)g(x) - \sum_i \int_{X_i} d\mu(x)f(x) \right\| \\ < & \epsilon \end{aligned}$$

следует из (5.3.20), (5.3.22) и утверждения 2.3.5.2. Так как ϵ произвольно, то равенство (5.3.17) следует из неравенства (5.3.23). $\qquad\square$

СЛЕДСТВИЕ 5.3.3. *Если μ-измеримое отображение*

$$f : X \to A$$

интегрируемо на множестве X, то отображение f интегрируемо на μ-измеримом множестве $X' \subset X$. $\qquad\square$

ТЕОРЕМА 5.3.4. *Пусть μ-измеримые отображения*

$$f : X \to A$$

$$g : X \to A$$

удовлетворяют условию

$$(5.3.24) \qquad\qquad \|f(x)\| \le M$$

$$(5.3.25) \qquad\qquad \|g(x)\| \le M$$

Если $f(x) = g(x)$ почти всюду, то

$$(5.3.26) \qquad \int_X d\mu(x) f(x) = \int_X d\mu(x) g(x)$$

ДОКАЗАТЕЛЬСТВО. Из равенств (5.3.24), (5.3.25) и теоремы 5.2.10 следует, что интегралы

$$\int_X d\mu(x) f(x)$$

$$\int_X d\mu(x) g(x)$$

существуют. Пусть

$$(5.3.27) \qquad X_1 = \{ x \in X : f(x) = g(x) \}$$

$$X_2 = \{ x \in X : f(x) \ne g(x) \}$$

Так как $X = X_1 \cup X_2$, $X_1 \cap X_2 = \emptyset$, то, согласно теореме 5.3.2,

$$(5.3.28) \qquad \int_X d\mu(x) f(x) = \int_{X_1} d\mu(x) f(x) + \int_{X_2} d\mu(x) f(x)$$

$$(5.3.29) \qquad \int_X d\mu(x) g(x) = \int_{X_1} d\mu(x) g(x) + \int_{X_2} d\mu(x) g(x)$$

Согласно условию теоремы

$$(5.3.30) \qquad\qquad \mu(X_2) = 0$$

Из теоремы 5.2.10, утверждения 2.3.5.1 и равенства (5.3.30) следует, что

$$(5.3.31) \qquad 0 \le \left\| \int_{X_2} d\mu(x) f(x) \right\| \le M\mu(X_2) = 0$$

$$(5.3.32) \qquad 0 \le \left\| \int_{X_2} d\mu(x) g(x) \right\| \le M\mu(X_2) = 0$$

Равенство

$$(5.3.33) \qquad \int_{X_2} d\mu(x) f(x) = \int_{X_2} d\mu(x) g(x) = 0$$

следует из (5.3.31), (5.3.32) и утверждения 2.3.5.2. Равенство

$$(5.3.34) \qquad \int_{X_1} d\mu(x) f(x) = \int_{X_1} d\mu(x) g(x)$$

следует из (5.3.27). Равенство (5.3.26) следует из (5.3.28), (5.3.29), (5.3.33), (5.3.34). . $\qquad \square$

Теорема 5.3.5 (Неравенство Чебышева). *Если* $c > 0$, *то*[5.10]

$$(5.3.35) \qquad \mu\{x \in X : \|f(x)\| \ge c\} \le \frac{1}{c} \int_X d\mu(x) \|f(x)\|$$

Доказательство. Пусть

$$(5.3.36) \qquad X' = \{x \in X : \|f(x)\| \ge c\}$$

Тогда

$$(5.3.37) \qquad \begin{aligned} \int_X d\mu(x) \|f(x)\| &= \int_{X'} d\mu(x) \|f(x)\| + \int_{X-X'} d\mu(x) \|f(x)\| \\ &\ge \int_{X'} d\mu(x) \|f(x)\| \ge c\mu(X') \end{aligned}$$

(5.3.35) следует из (5.3.36), (5.3.37). $\qquad \square$

Теорема 5.3.6. *Если*

$$(5.3.38) \qquad \int_X d\mu(x) \|f(x)\| = 0$$

то $f(x) = 0$ *почти всюду.*

Доказательство. Из (5.3.35), (5.3.38) следует, что

$$(5.3.39) \qquad \mu\left\{ x \in X : \|f(x)\| \ge \frac{1}{n} \right\} \le n \int_X d\mu(x) \|f(x)\| = 0$$

для $n = 1, 2, \dots$. Равенство

$$\mu\{x \in X : f(x) \ge 0\} = \lim_{n \to \infty} \left\{ x \in X : \|f(x)\| \ge \frac{1}{n} \right\} = 0$$

следует из (5.3.39). $\qquad \square$

[5.10]Смотри также [1], теорема на странице 300.

ТЕОРЕМА 5.3.7 (Нормальная непрерывность интеграла Лебега). *Если*[5.11]

$$f : X \to A$$

отображение, интегрируемое на множестве X, то для любого $\epsilon \in R, \epsilon > 0$, существует $\delta > 0$ такое, что

(5.3.40)
$$\left\| \int_E d\mu(x) f(x) \right\| < \epsilon$$

для всякого $E \in \mathcal{C}_X$ такого, что $\mu(E) < \delta$.

ДОКАЗАТЕЛЬСТВО. Согласно теореме 5.2.4, интеграл

$$\int_X d\mu(x) f(x)$$

существует тогда и только тогда, когда интеграл

$$\int_X d\mu(x) \|f(x)\|$$

существует. Пусть

(5.3.41)
$$X_i = \{x \in X : i \le \|f(x)\| < i + 1\}$$

(5.3.42)
$$Y_N = \bigcup_{i=1}^{N} X_i$$

$$Z_N = X \setminus Y_N$$

Согласно теореме 5.3.2,

(5.3.43)
$$\int_X d\mu(x) \|f(x)\| = \sum_{i=0}^{\infty} \int_{X_i} d\mu(x) \|f(x)\|$$

Так как ряд в (5.3.43) сходится по норме, то существует N такое, что

(5.3.44)
$$\sum_{i=N+1}^{\infty} \int_{X_i} d\mu(x) \|f(x)\| = \int_{Z_N} d\mu(x) \|f(x)\| < \frac{\epsilon}{2}$$

Пусть

(5.3.45)
$$0 < \delta < \frac{\epsilon}{2(N+1)}$$

Пусть $\mu(E) < \delta$. Тогда

(5.3.46)
$$\left\| \int_E d\mu(x) f(x) \right\| \le \int_E d\mu(x) \|f(x)\|$$
$$= \int_{E \cap Y_N} d\mu(x) \|f(x)\| + \int_{E \cap Z_N} d\mu(x) \|f(x)\|$$

[5.11]Смотри также теорему [1]-5, страницы 301, 302.

Согласно теореме 5.2.9, неравенство

$$(5.3.47) \qquad \int_{E \cap Y_N} d\mu(x) \|f(x)\| \leq (N+1)\mu(E) < (N+1)\delta = \frac{\epsilon}{2}$$

следует из (5.3.41), (5.3.42). Неравенство

$$(5.3.48) \qquad \int_{E \cap Z_N} d\mu(x) \|f(x)\| \leq \int_{Z_N} d\mu(x) \|f(x)\| < \frac{\epsilon}{2}$$

следует из (5.3.46). Неравенство (5.3.40) следует из неравенств (5.3.46), (5.3.47), (5.3.48). □

5.4. Переход к пределу под знаком интеграла Лебега

Теорема 5.4.1. *Пусть отображение*

$$g : X \to R$$

интегрируемо и почти всюду

$$\|f(x)\| \leq g(x)$$

Тогда отображение f интегрируемо и

$$(5.4.1) \qquad \left\| \int_X d\mu(x) f(x) \right\| \leq \int_X d\mu(x) g(x)$$

Доказательство. Согласно теореме 5.3.4,

$$\mu(X) = 0 \implies \int_X d\mu(x) f(x) = 0$$

Следовательно, мы можем предположить, что условие теоремы верно для любого $x \in X$. Теорема следует из теорем 5.2.4, [1]-*VII* на странице 297. □

Теорема 5.4.2 (теорема Лебега о мажорируемой сходимости). *Пусть*[5.12]

$$f_n : X \to A$$

последовательность μ-измеримых отображений в Ω-группу A и

$$f(x) = \lim_{n \to \infty} f_n(x)$$

почти всюду. Пусть отображение

$$g : X \to R$$

интегрируемо и для всех $n \in N$ почти всюду

$$(5.4.2) \qquad \|f_n(x)\| \leq g(x)$$

Тогда отображение f интегрируемо и

$$(5.4.3) \qquad \int_X d\mu(x) f(x) = \lim_{n \to \infty} \int_X d\mu(x) f_n(x)$$

[5.12]Смотри также теорему [1]-6 на страницах 302, 303.

Доказательство. Согласно теореме 5.3.4,

$$\mu(X) = 0 \implies \int_X d\mu(x) f(x) = 0$$

Следовательно, мы можем предположить, что условие теоремы верно для любого $x \in X$. Согласно теореме [7]-2 на странице 56, неравенство

$$(5.4.4) \qquad\qquad \|f(x)\| \le g(x)$$

следует из неравенства (5.4.2). Согласно теореме 5.4.1, отображение f интегрируемо. Согласно теореме 5.3.7, для любого $\epsilon \in R, \epsilon > 0$, существует $\delta > 0$ такое, что

$$(5.4.5) \qquad\qquad \int_Y d\mu(x) g(x) < \frac{\epsilon}{4}$$

для всякого $Y \in \mathcal{C}_X$ такого, что

$$(5.4.6) \qquad\qquad \mu(Y) < \delta$$

Согласно теореме 4.4.5, множество Y, удовлетворяющее условию (5.4.6), может быть выбрано таким образом, что последовательность f_n сходится равномерно на множестве $Z = X \setminus Y$. Согласно определению 2.3.26, найдётся N такое, что при $n > N$, $x \in Z$ выполнено

$$(5.4.7) \qquad\qquad \|f(x) - f_n(x)\| < \frac{\epsilon}{2\mu(C)}$$

Неравенство

$$
\begin{aligned}
(5.4.8) \quad & \left\| \int_X d\mu(x) f(x) - \int_X d\mu(x) f_n(x) \right\| \\
& \le \left\| \int_Z d\mu(x)(f(x) - f_n(x)) \right\| + \left\| \int_Y d\mu(x) f(x) \right\| - \left\| \int_Y d\mu(x) f_n(x) \right\| \\
& < \frac{\epsilon}{2} + \frac{\epsilon}{4} + \frac{\epsilon}{4} = \epsilon
\end{aligned}
$$

следует из равенства

$$
\begin{aligned}
& \int_X d\mu(x) f(x) - \int_X d\mu(x) f_n(x) \\
& = \int_Y d\mu(x) f(x) + \int_Z d\mu(x) f(x) - \int_Y d\mu(x) f_n(x) - \int_Z d\mu(x) f_n(x) \\
& = \int_Z d\mu(x)(f(x) - f_n(x)) + \int_Y d\mu(x) f(x) - \int_Y d\mu(x) f_n(x)
\end{aligned}
$$

неравенств (5.4.2), (5.4.4), (5.4.7) и теоремы 5.2.10. Равенство (5.4.3) является следствием неравенства (5.4.8) и определения 2.3.19. $\qquad\square$

Следствие 5.4.3. *Если* $\|f_n(x)\| \le M$ *и* $f_n \to f$, *то*

$$\int_X d\mu(x) f(x) = \lim_{n \to \infty} \int_X d\mu(x) f_n(x)$$

Теорема 5.4.4 (Беппо Леви). *Пусть отображения*[5.13]

$$(5.4.9) \qquad f_n : A \to R \quad i = 1, \dots$$

интегрируемы и

$$(5.4.10) \qquad \int_A d\mu(x) f_n(x) \leq M \quad n = 1, \dots$$

для некоторой константы M. Пусть для любого n

$$(5.4.11) \qquad f_n(x) \leq f_{n+1}(x)$$

Тогда почти всюду на A существует конечный предел

$$(5.4.12) \qquad f(x) = \lim_{n \to \infty} f_n(x)$$

Отображение f интегрируемо на A и

$$(5.4.13) \qquad \int_A d\mu(x) f(x) = \lim_{i \to \infty} \int_A d\mu(x) f_i(x)$$

Доказательство. Будем предполагать $f_1(x) \geq 0$, так как в общем случае мы можем положить

$$f_i'(x) = f_i(x) - f_1(x)$$

Согласно этому предположению и условию (5.4.11)

$$(5.4.14) \qquad f_n(x) \geq 0$$

Из утверждения (5.4.14) и определений 5.1.2, 5.2.1 следует, что для любого измеримого множества $B \subseteq A$

$$(5.4.15) \qquad \int_B d\mu(x) f(x) \geq 0$$

Из теоремы 5.3.2 следует, что для любого измеримого множества $B \subseteq A$

$$(5.4.16) \qquad \int_A d\mu(x) f(x) = \int_B d\mu(x) f(x) + \int_{A \setminus B} d\mu(x) f(x)$$

Утверждение

$$(5.4.17) \qquad \int_B d\mu(x) f_n(x) \leq M \quad n = 1, \dots$$

следует из (5.4.10), (5.4.15), (5.4.16).

Рассмотрим множество

$$\Omega = \{ x \in A : f_n(x) \to \infty \}$$

Тогда

$$\Omega = \bigcap_r \bigcup_n \Omega_n(r)$$

[5.13]Смотри также теорему [1]-7 на странице 303.

где

(5.4.18)
$$\Omega_n(r) = \{x \in A : f_n(x) > r\}$$

Согласно неравенству Чебышева (5.3.35),

(5.4.19)
$$\mu(\Omega_n(r)) \le \frac{M}{r}$$

следует из (5.4.10), (5.4.18). Так как

$$\Omega_1(r) \subseteq \Omega_2(r) \subseteq ... \subseteq \Omega_n(r) \subseteq ...$$

то

(5.4.20)
$$\mu\left(\bigcup_n \Omega_n(r)\right) \le \frac{M}{r}$$

следует из (5.4.19). Так как при любом r

$$\Omega \subseteq \bigcup_n \Omega_n(r)$$

то

(5.4.21)
$$\mu(\Omega) \le \frac{M}{r}$$

Так как r произвольно, то $\mu(\Omega) = 0$ является следствием (5.4.21). Следовательно, монотонная последовательность $f_n(x)$ почти всюду на A имеет конечный предел $f(x)$.

Пусть

(5.4.22)
$$A(r) = \{x \in A : r - 1 \le f(x) < r\}$$

(5.4.23)
$$\phi : A \to R \quad x \in A(r) => \phi(x) = r$$

Положим

(5.4.24)
$$B(s) = \bigcup_{r=1}^{s} A(r)$$

Из (5.4.22), (5.4.24) следует, что отображения f_n и f ограничены на $B(s)$. Из (5.4.22), (5.4.23) следует, что

(5.4.25)
$$\phi(x) \le f(x) + 1$$

Согласно теоремам 3.2.6, 5.4.1,

(5.4.26)
$$\int_{B_s} d\mu(x)\phi(x) \le \int_{B_s} d\mu(x)f(x) + \mu(A)$$

следует из (5.4.25). Согласно следствию 5.4.3,

(5.4.27)
$$\int_{B_s} d\mu(x)\phi(x) \le \lim_{n \to \infty} \int_{B_s} d\mu(x)f_n(x) + \mu(A) \le M + \mu(A)$$

следует из (5.4.17), (5.4.22), (5.4.24), (5.4.26). Согласно равенствам (5.4.22), (5.4.23) и определению 4.2.1, отображение ϕ является простым. Согласно определению 5.1.2,

$$(5.4.28) \qquad \int_{B_s} d\mu(x)\phi(x) = \sum_{r=1}^{s} r\mu(A(r))$$

Сходимость ряда

$$\sum_{r=1}^{\infty} r\mu(A(r)) \leq M + \mu(A) < \infty$$

следует из (5.4.27), (5.4.28). Согласно определению 4.2.1, отображение ϕ является интегрируемым

$$(5.4.29) \qquad \int_{A} d\mu(x)\phi(x) = \sum_{r=1}^{\infty} r\mu(A(r))$$

Следовательно, утверждение теоремы является следствием теоремы 5.4.2, так как

$$f_n(x) \leq f(x) \leq \phi(x)$$

следует из (5.4.11), (5.4.13), (5.4.22), (5.4.23).   □

Глава 6

Теорема Фубини

6.1. Произведение полуколец множеств

ОПРЕДЕЛЕНИЕ 6.1.1. *Пусть* $\mathcal{L}_i$, $i = 1, ..., n$, *- система подмножеств множества* A_i. **Декартово произведение систем подмножеств**

$$\mathcal{M} = \mathcal{L}_1 \times ... \times \mathcal{L}_n$$

является системой подмножеств множества $A = A_1 \times ... \times A_n$, *представимых в виде*[6.1]

$$C = C_1 \times ... \times C_n \quad C_i \in \mathcal{L}_i$$

Если $\mathcal{L}_1 = ... = \mathcal{L}_n = \mathcal{L}$, *то система множеств*

$$\mathcal{M} = \mathcal{L}^n$$

называется **декартова степень** n **систем подмножеств** □

ТЕОРЕМА 6.1.2. *Декартово произведение*[6.2]

$$\mathcal{S} = \mathcal{S}_1 \times ... \mathcal{S}_n$$

полуколец множеств $\mathcal{S}_1, ..., \mathcal{S}_n$ *является полукольцом множеств.*

ДОКАЗАТЕЛЬСТВО. Мы докажем теорему для случая $n = 2$. В общем случае доказательство аналогично.

6.1.2.1: Пусть A, $B \in \mathcal{S}_1 \times \mathcal{S}_2$. Следовательно

$$(6.1.1) \qquad A = A_1 \times A_2 \quad A_1 \in \mathcal{S}_1 \quad A_2 \in \mathcal{S}_2$$

$$(6.1.2) \qquad B = B_1 \times B_2 \quad B_1 \in \mathcal{S}_1 \quad B_2 \in \mathcal{S}_2$$

Очевидно, что

$$(x_1, x_2) \in (A_1 \times A_2) \cap (B_1 \times B_2)$$

тогда и только тогда, когда

$$x_1 \in A_1 \cap B_1 \quad x_2 \in A_2 \cap B_2$$

Следовательно

$$(6.1.3) \qquad (A_1 \times A_2) \cap (B_1 \times B_2) = (A_1 \cap B_1) \times (A_2 \cap B_2)$$

[6.1]Смотри также определение в [1] на странице 310.

[6.2]Смотри также теорему [1]-1 на странице 311.

Из (6.1.1), (6.1.2) и утверждения 3.1.1.2 следует, что

$$(6.1.4) \qquad A_1 \cap B_1 \in \mathcal{S}_1 \quad A_2 \cap B_2 \in \mathcal{S}_2$$

Из (6.1.1), (6.1.2), (6.1.4) следует, что

$$(A_1 \times A_2) \cap (B_1 \times B_2) \in \mathcal{S}_1 \times \mathcal{S}_2$$

Следовательно, утверждение 3.1.1.2 верно для $\mathcal{S}_1 \times \mathcal{S}_2$.

6.1.2.2: Пусть $B_1 \subset A_1$, $B_2 \subset A_2$. Из утверждения 3.1.1.3 следует, что

$$(6.1.5) \qquad A_1 = B_1 \cup B_{1.1} \cup ... \cup B_{1.k_1} \quad B_{1.i} \in \mathcal{S}_1$$

$$(6.1.6) \qquad A_2 = B_2 \cup B_{2.1} \cup ... \cup B_{2.k_2} \quad B_{2.i} \in \mathcal{S}_2$$

Из (6.1.5), (6.1.6) следует, что

$$(x_1, x_2) \in A = A_1 \times A_2$$

тогда и только тогда, когда (x_1, x_2) принадлежит одному из следующих множеств: $B = B_1 \times B_2$, $B_1 \times B_{2.j} \in \mathcal{S}_1 \times \mathcal{S}_2$, $B_{1.i} \times B_2 \in \mathcal{S}_1 \times \mathcal{S}_2$, $B_{1.i} \times B_{2.j} \in \mathcal{S}_1 \times \mathcal{S}_2$. Следовательно,

$$A = B \cup (B_1 \times B_{2.1}) \cup ... \cup (B_1 \times B_{2.k_2})$$
$$\cup (B_{1.1} \times B_2) \cup (B_{1.1} \times B_{2.1}) \cup ... \cup (B_{1.1} \times B_{2.k_2})$$
$$...$$
$$\cup (B_{k_1.1} \times B_2) \cup (B_{k_1.1} \times B_{2.1}) \cup ... \cup (B_{k_1.1} \times B_{2.k_2})$$

и утверждение 3.1.1.3 верно для $\mathcal{S}_1 \times \mathcal{S}_2$.

Из рассуждений 6.1.2.1, 6.1.2.2 следует, что $\mathcal{S}_1 \times \mathcal{S}_2$ является полукольцом множеств. $\square$

Однако декартово произведение колец множеств, вообще говоря, не является кольцом множеств.

ОПРЕДЕЛЕНИЕ 6.1.3. *Кольцо множеств*

$$\mathcal{R} = \mathcal{R}_1 \otimes ... \otimes \mathcal{R}_n$$

порождённое полукольцом множеств

$$\mathcal{R}_1 \times ... \times \mathcal{R}_n$$

называется **произведением колец множеств** $\mathcal{R}_1, ..., \mathcal{R}_n$. $\square$

ТЕОРЕМА 6.1.4. *Произведение алгебр множеств является алгеброй множеств.*

ДОКАЗАТЕЛЬСТВО. Для $i = 1, ..., n$, пусть кольцо множеств $\mathcal{R}_i$ является алгеброй множеств. Согласно определению 3.1.2, алгебра множеств $\mathcal{R}_i$ имеет единицу E_i такую, что

$$(6.1.7) \qquad A_i \cap E_i = A_i$$

для любого $A_i \in \mathcal{R}_i$. Из рассуждения 6.1.2.1 и из (6.1.7) следует, что

$$(6.1.8) \qquad (A_1 \times ... \times A_n) \cap (E_1 \times ... \times E_n) = A_1 \times ... \times A_n$$

Из теоремы 3.1.11 и равенства (6.1.8) следует, что для любого $A \in \mathcal{R}_1 \otimes ... \otimes R_n$ верно равенство

$$A \cap (E_1 \times ... \times E_n) = A$$

Следовательно, множество $E_1 \times ... \times E_n$ является единицей кольца множеств $\mathcal{R}_1 \times ... \times \mathcal{R}_n$. Согласно определению 3.1.2, кольцо множеств $\mathcal{R}_1 \times ... \times \mathcal{R}_n$ является алгеброй множеств. $\qquad \square$

6.2. Произведение мер

Теорема 6.2.1. *Пусть*

$$\mu_i : \mathcal{R}_i \to R$$

мера на полукольце $\mathcal{R}_i$, $i = 1, ..., n$. **Декартово произведение**

$$\mu = \mu_1 \times ... \times \mu_n$$

мер *определено формулой*[6.3]

$$(6.2.1) \qquad \mu(A_1 \times ... \times A_n) = \mu_1(A_1)...\mu_n(A_n)$$

Доказательство. Мы докажем теорему для случая $n = 2$. В общем случае доказательство аналогично. Пусть

$$(6.2.2) \qquad A = A_1 \times A_2 = \bigcup_{i=1}^{t} B^i$$

где $i \neq j => B^i \cap B^j = \emptyset$ и $B^i = B_1^i \times B_2^i$. Согласно лемме 3.1.10, существуют разложения

$$A_1 = \bigcup_{m=1}^{r} C_1^m \qquad A_2 = \bigcup_{n=1}^{s} C_2^n$$

такие, что

$$(6.2.3) \qquad B_i^k = \bigcup_{m \in M_{ik}} C_i^m \qquad i = 1, 2$$

$$M_{1k} \subseteq \{1, ..., r\} \qquad M_{2k} \subseteq \{1, ..., s\}$$

[6.3]Смотри [1], страница 312, доказательство, что отображение, определённое формулой (6.2.1), является мерой.

Согласно утверждению 3.2.1.2 по отношению к мерам μ_1, μ_2, из (6.2.3) следует, что

$$\mu(A) = \mu_1(A_1)\mu_2(A_2) = \sum_{m=1}^{r} \mu(C_1^m) \sum_{n=1}^{s} \mu(C_2^n)$$

(6.2.4)
$$= \sum_{k=1}^{t} \sum_{m \in M_{1k}} C_1^m \sum_{n \in M_{2k}} C_2^n$$

$$= \sum_{k=1}^{t} \mu_1(B_1^k)\mu_2(B_2^k) = \sum_{k=1}^{t} \mu_1(B^k)$$

Из (6.2.2), (6.2.4) следует, что утверждение 3.2.1.2 верно для μ. $\square$

ТЕОРЕМА 6.2.2. *Пусть* μ_i, *$i = 1, ..., n$, - σ-аддитивная мера,*[6.4] *определённая на σ-алгебре $\mathcal{C}_i$. Декартово произведение мер $\mu_1 \times ... \times \mu_n$ является σ-аддитивной мерой на полукольце $\mathcal{C}_1 \times ... \times \mathcal{C}_n$.*

ДОКАЗАТЕЛЬСТВО. Мы докажем теорему для случая $n = 2$. В общем случае доказательство аналогично. Пусть

(6.2.5)
$$C = \bigcup_{n=1}^{\infty} C_n \quad C, C_n \in \mathcal{C}_1 \times \mathcal{C}_2$$

где

(6.2.6)
$$n \neq m => C_n \cap C_m = \emptyset$$

Согласно (6.2.5)

$$C = A \times B \qquad A \in \mathcal{C}_1 \qquad B \in \mathcal{C}_2$$

$$C_n = A_n \times B_n \quad A_n \in \mathcal{C}_1 \quad B_n \in \mathcal{C}_2$$

Рассмотрим множество отображений

$$f_n : X \to R$$

определённых правилом

(6.2.7)
$$f_n(x) = \begin{cases} \mu_2(B_n) & x \in A_n \\ 0 & x \notin A_n \end{cases}$$

Пусть $x \in A$. Пусть

$$N_x = \{n : \exists y \in B, (x, y) \in A_n \times B_n\}$$

Согласно (6.2.6), для любого $y \in B$ существует единственное $n \in N_x$ такое, что

$$(x, y) \in A_n \times B_n \quad y \in B_n$$

[6.4]Смотри также теорему [1]-2 на странице 313.

При этом

$$n \in N_x, m \in N_x, n \neq m => B_n \cap B_m = \emptyset$$
$$\bigcup_{n \in N_x} B_n = B$$

Согласно утверждению 3.2.10.2 относительно меры μ_2

$$(6.2.8) \qquad \sum_n f_n(x) = \mu_2(B)$$

Согласно теоремам 5.2.3, 5.2.7 и следствию 5.4.3, равенство

$$(6.2.9) \qquad \sum_n \int_A d\mu_1(x) f_n(x) = \int_A d\mu_1(x)\mu_2(B) = \mu_1(A)\mu_2(B) = \mu(C)$$

является следствием равенства (6.2.8). Согласно теореме 5.2.7, равенство

$$(6.2.10) \qquad \int_A d\mu_1(x) f_n(x) = \mu_1(A_n)\mu_2(B_n) = \mu(C_n)$$

является следствием равенства (6.2.7). Равенство

$$\mu(C) = \sum_n \mu(C_n)$$

является следствием равенств (6.2.9), (6.2.10). Следовательно, утверждение 3.2.10.2 верно для меры μ. $\qquad \square$

Лебегово продолжение меры $\mu_1 \times ... \times \mu_n$ определённое на σ-алгебре $\mathcal{C} \supset \mathcal{C}_1 \times ... \times \mathcal{C}_n$, называется **произведением мер**

$$\mu_1 \otimes ... \otimes \mu_n = \bigotimes \mu_i$$

Если $\mu_1 = ... = \mu_n = \mu$, то произведение мер называется **степенью меры** μ

$$\mu^n = \mu_1 \otimes ... \otimes \mu_n$$

ТЕОРЕМА 6.2.3. *Пусть* $\mu_i, i = 1, 2,$ *- σ-аддитивная мера,*[6.5] *определённая на σ-алгебре $\mathcal{C}_i$ подмножеств множества X_i. Пусть* $\mu = \mu_1 \otimes \mu_2$. *Пусть* $A \in \mathcal{C}_1 \otimes \mathcal{C}_2$.

Пусть для каждого $x_1 \in X_1$

$$(6.2.11) \qquad A_{2x_1} = \{x_2 \in X_2 : (x_1, x_2) \in A\} \in \mathcal{C}_2$$

Если отображение

$$x_1 \to \mu_2(A_{2x_1})$$

μ_1-интегрируемо, то

$$(6.2.12) \qquad \mu(A) = \int_{X_1} d\mu_1(x_1)\mu_2(A_{2x_1})$$

[6.5]Смотри также теорему [1]-3 на странице 314. Я не предполагаю, что X_i - множество действительных чисел.

Пусть для каждого $x_2 \in X_2$

$$A_{1x_2} = \{x_1 \in X_1 : (x_1, x_2) \in A\} \in \mathcal{C}_1$$

Если отображение

$$x_2 \to \mu_1(A_{1x_2})$$

μ_2-интегрируемо, то

(6.2.13) $$\mu(A) = \int_{X_2} d\mu_2(x_2)\mu_1(A_{1x_2})$$

ДОКАЗАТЕЛЬСТВО. Мы докажем равенство (6.2.12). Доказательство равенства (6.2.13) аналогично.

ЛЕММА 6.2.4. *Равенство (6.2.12) верно для множества вида*

(6.2.14) $$A = A_1 \times A_2 \quad A_1 \in \mathcal{C}_1 \quad A_2 \in \mathcal{C}_2$$

ДОКАЗАТЕЛЬСТВО. Согласно определению 6.2.1,

(6.2.15) $$\mu(A) = \mu_1(A_1)\mu_2(A_2)$$

Согласно (6.2.11)

(6.2.16) $$A_{2x_1} = \begin{cases} A_2 & x_1 \in A_1 \\ \emptyset & x_1 \notin A_1 \end{cases}$$

Из (6.2.16) и теоремы 3.2.2 следует, что

(6.2.17) $$\mu_2(A_{2x_1}) = \begin{cases} \mu_2(A_2) & x_1 \in A_1 \\ 0 & x_1 \notin A_1 \end{cases}$$

Из (6.2.14), (6.2.17) и определения 4.2.1 следует, что отображение

$$x_1 \to \mu_2(A_{2x_1})$$

является простым. Согласно определению 5.1.2,

(6.2.18) $$\int_{X_1} d\mu_1(x_1)\mu_2(A_{2x_1}) = \mu_1(A_1)\mu_2(A_2)$$

Лемма следует из равенств (6.2.15), (6.2.18). $\odot$

ЛЕММА 6.2.5. *Равенство (6.2.12) верно для множества вида*

(6.2.19) $$A = \bigcup_{i=1}^{n} A_{1i} \times A_{2i} \quad A_{1i} \in \mathcal{C}_1 \quad A_{2i} \in \mathcal{C}_2$$

ДОКАЗАТЕЛЬСТВО. Согласно лемме 3.1.10, существует конечная система множеств $B_{11}, ..., B_{1t_1} \in \mathcal{C}_1$ такая, что

(6.2.20) $$i \neq j \implies B_{1i} \cap B_{1j} = \emptyset$$

$$(6.2.21) \qquad A_{1i} = \bigcup_{j \in M_{1i}} B_{1j}$$

где $M_{1i} \subset \{1, ..., t_1\}$. Согласно лемме 3.1.10, существует конечная система множеств $B_{21}, ..., B_{2t_2} \in \mathcal{C}_2$ такая, что

$$(6.2.22) \qquad i \neq j \implies B_{2i} \cap B_{2j} = \emptyset$$

$$(6.2.23) \qquad A_{2i} = \bigcup_{j \in M_{2i}} B_{2j}$$

где $M_{2i} \subset \{1, ..., t_2\}$. Из (6.2.20), (6.2.22) следует, что

$$(6.2.24) \qquad i \neq j \,\wedge\, k \neq l \implies (B_{1i} \times B_{2k}) \cap (B_{1j} \times B_{2l}) = \emptyset$$

Из равенств (6.2.21), (6.2.23) следует, что для любого i

$$(6.2.25) \qquad A_{1i} \times A_{2i} = \bigcup_{k \in M_{1i}} \bigcup_{l \in M_{2i}} B_{1k} \times B_{2l}$$

Пусть

$$(6.2.26) \qquad M_i = M_{1i} \times M_{2i}$$

Равенство

$$(6.2.27) \qquad A_{1i} \times A_{2i} = \bigcup_{(k,l) \in M_i} B_{1k} \times B_{2l}$$

следует из (6.2.25), (6.2.26). Пусть

$$(6.2.28) \qquad M = \bigcup_i M_i$$

Равенство

$$(6.2.29) \qquad A = \bigcup_{(k,l) \in M} B_{1k} \times B_{2l}$$

следует из (6.2.19), (6.2.27), (6.2.28). Согласно утверждению 3.2.1.2 и определению 6.2.1,

$$(6.2.30) \qquad \mu(A) = \sum_{(k,l) \in M} \mu(B_{1k} \times B_{2l}) = \sum_{(k,l) \in M} \mu_1(B_{1k}) \mu_2(B_{2l})$$

следует из (6.2.24), (6.2.29).

Согласно (6.2.11), (6.2.29)

$$(6.2.31) \qquad A_{2x_1} = \begin{cases} \displaystyle\bigcup_{(k,l) \in M} B_{2l} & x_1 \in B_{1k} \\[2mm] \emptyset & x_1 \notin \displaystyle\bigcup_k B_{1k} \end{cases}$$

Из равенства (6.2.31), утверждения 3.2.1.2, и теоремы 3.2.2 следует, что

$$(6.2.32) \qquad \mu_2(A_{2x_1}) = \begin{cases} \displaystyle\sum_{(k,l)\in M} \mu_2(B_{2l}) & x_1 \in B_{1k} \\ 0 & x_1 \notin \displaystyle\bigcup_k B_{1k} \end{cases}$$

Из (6.2.29), (6.2.32) и определения 4.2.1 следует, что отображение

$$x_1 \to \mu_2(A_{2x_1})$$

является простым. Согласно определению 5.1.2,

$$(6.2.33) \qquad \int_{X_1} d\mu_1(x_1)\mu_2(A_{2x_1}) = \sum_{(k,l)\in M} \mu_1(B_{1k})\mu_2(B_{2l})$$

Лемма следует из равенств (6.2.30), (6.2.33).   ⊙

Согласно теореме 3.3.13, для любого множества $A \in \mathcal{C}_{\mu_1\otimes\mu_2}$ существует множество B такое, что

$$(6.2.34) \qquad A \subseteq B$$

$$(6.2.35) \qquad \mu(A) = \mu(B)$$

$$(6.2.36) \qquad B = \bigcap_n B_n$$

$$(6.2.37) \qquad B_1 \supseteq B_2 \supseteq ... \supseteq B_n \supseteq ...$$

$$(6.2.38) \qquad B_n = \bigcup_k B_{nk}$$

$$(6.2.39) \qquad B_{nk} \in \mathcal{R}(\mathcal{C}_{\mu_1} \times \mathcal{C}_{\mu_2})$$

$$(6.2.40) \qquad \mu(B_{nk}) < \mu(A) + \frac{1}{n}$$

$$(6.2.41) \qquad B_{n1} \subseteq B_{n2} \subseteq ... \subseteq B_{nk} \subseteq ...$$

Согласно леммам 6.2.4, 6.2.5, из утверждения (6.2.39) следует, что равенство (6.2.12) верно для множеств B_{nk}

$$(6.2.42) \qquad \mu(B_{nk}) = \int_{X_1} d\mu_1(x_1)\mu_2(B_{nk\cdot 2x_1})$$

где

$$(6.2.43) \qquad B_{nk\cdot 2x_1} = \{x_2 \in X_2 : (x_1, x_2) \in B_{nk}\}$$

Утверждение

$$(6.2.44) \qquad B_{n1\cdot 2x_1} \subseteq B_{n2\cdot 2x_1} \subseteq ... \subseteq B_{nk\cdot 2x_1} \subseteq ...$$

является следствием (6.2.41), (6.2.43). Рассмотрим множество отображений

$$f_{nk} : X_1 \to R \qquad f_{nk}(x_1) = \mu_2(B_{nk \cdot 2x_1})$$

Согласно теореме 3.2.6, утверждение

$$(6.2.45) \qquad f_{nk}(x_1) \le f_{nk+1}(x_1)$$

является следствием утверждения (6.2.44). Утверждение

$$(6.2.46) \qquad \int_{X_1} d\mu_1(x_1) f_{nk}(x_1) = \int_{X_1} d\mu_1(x_1) \mu_2(B_{nk \cdot 2x_1}) < \mu(A) + \frac{1}{n}$$

является следствием утверждений (6.2.40), (6.2.42). Согласно теореме 5.4.4,

- почти всюду на X_1 существует конечный предел

$$(6.2.47) \qquad f_n(x_1) = \lim_{k \to \infty} f_{nk}(x_1) = \lim_{k \to \infty} \mu_2(B_{nk \cdot 2x_1})$$

- отображение f_n интегрируемо на X_1 и

$$(6.2.48) \qquad \begin{aligned} \int_{X_1} d\mu_1(x_1) f_n(x_1) &= \lim_{k \to \infty} \int_{X_1} d\mu_1(x_1) f_{nk}(x_1) \\ &= \lim_{k \to \infty} \int_{X_1} d\mu_1(x_1) \mu_2(B_{nk \cdot 2x_1}) \end{aligned}$$

Утверждение

$$(6.2.49) \qquad \lim_{k \to \infty} \int_{X_1} d\mu_1(x_1) \mu_2(B_{nk \cdot 2x_1}) = \int_{X_1} d\mu_1(x_1) \lim_{k \to \infty} \mu_2(B_{nk \cdot 2x_1})$$

является следствием утверждений (6.2.47), (6.2.48). Утверждение

$$(6.2.50) \qquad B_{n \cdot 2x_1} = \bigcup_k B_{nk \cdot 2x_1}$$

где

$$B_{n \cdot 2x_1} = \{x_2 \in X_2 : (x_1, x_2) \in B_n\}$$

следует из цепочки утверждений

$$x_2 \in B_{n \cdot 2x_1} <=> (x_1, x_2) \in B_n <=> \exists k, (x_1, x_2) \in B_{nk}$$
$$<=> \exists k, x_2 \in B_{nk \cdot 2x_1} <=> x_2 \in \bigcup_k B_{nk \cdot 2x_1}$$

Согласно теореме 3.2.13,

- равенства

$$(6.2.51) \qquad \lim_{k \to \infty} \mu_2(B_{nk \cdot 2x_1}) = \mu_2(B_{n \cdot 2x_1})$$

$$(6.2.52) \qquad \lim_{k \to \infty} \int_{X_1} d\mu_1(x_1) \mu_2(B_{nk \cdot 2x_1}) = \int_{X_1} d\mu_1(x_1) \mu_2(B_{n \cdot 2x_1})$$

являются следствием утверждений (6.2.44), (6.2.49), (6.2.50).

- равенство

$$(6.2.53) \qquad \lim_{k \to \infty} \mu(B_{nk}) = \mu(B_n)$$

является следствием утверждений (6.2.38), (6.2.41).

Из равенств (6.2.42), (6.2.52), (6.2.53) следует, что равенство (6.2.12) верно для множеств B_n

$$(6.2.54) \qquad \mu(B_n) = \int_{X_1} d\mu_1(x_1)\mu_2(B_{n \cdot 2x_1})$$

Утверждение

$$(6.2.55) \qquad B_{1 \cdot 2x_1} \supseteq B_{2 \cdot 2x_1} \supseteq ... \supseteq B_{k \cdot 2x_1} \supseteq ...$$

является следствием (6.2.37), (6.2.43). Равенство

$$f_n : X_1 \to R \qquad f_n(x_1) = \mu_2(B_{n \cdot 2x_1})$$

следует из равенств (6.2.47), (6.2.51). Согласно теореме 3.2.6, утверждение

$$(6.2.56) \qquad f_n(x_1) \geq f_{n+1}(x_1)$$

является следствием утверждения (6.2.55). Согласно теореме 5.2.10, утверждение

$$(6.2.57) \qquad \int_{X_1} d\mu_1(x_1)f_n(x_1) = \int_{X_1} d\mu_1(x_1)\mu_2(B_{n \cdot 2x_1}) > 0$$

является следствием утверждения 3.2.1.1. Согласно теореме 5.4.4,

- почти всюду на X_1 существует конечный предел

$$(6.2.58) \qquad f(x_1) = \lim_{n \to \infty} f_n(x_1) = \lim_{n \to \infty} \mu_2(B_{n \cdot 2x_1})$$

- отображение f интегрируемо на X_1 и

$$(6.2.59) \qquad \begin{aligned} \int_{X_1} d\mu_1(x_1)f(x_1) &= \lim_{n \to \infty} \int_{X_1} d\mu_1(x_1)f_n(x_1) \\ &= \lim_{n \to \infty} \int_{X_1} d\mu_1(x_1)\mu_2(B_{n \cdot 2x_1}) \end{aligned}$$

Утверждение

$$(6.2.60) \qquad \lim_{n \to \infty} \int_{X_1} d\mu_1(x_1)\mu_2(B_{n \cdot 2x_1}) = \int_{X_1} d\mu_1(x_1) \lim_{n \to \infty} \mu_2(B_{n \cdot 2x_1})$$

является следствием утверждений (6.2.58), (6.2.59). Утверждение

$$(6.2.61) \qquad B_{2x_1} = \bigcap_k B_{n \cdot 2x_1}$$

где

$$B_{2x_1} = \{x_2 \in X_2 : (x_1, x_2) \in B\}$$

следует из цепочки утверждений

$$x_2 \in B_{2x_1} <=> (x_1, x_2) \in B <=> \forall n, (x_1, x_2) \in B_n$$

$$<=> \forall n, x_2 \in B_{n \cdot 2x_1} <=> x_2 \in \bigcap_n B_{n \cdot 2x_1}$$

Согласно теореме 3.2.12,

- равенство

(6.2.62) $$\lim_{n \to \infty} \int_{X_1} d\mu_1(x_1)\mu_2(B_{n \cdot 2x_1}) = \int_{X_1} d\mu_1(x_1)\mu_2(B_{2x_1})$$

является следствием утверждений (6.2.55), (6.2.60), (6.2.61).

- равенство

(6.2.63) $$\lim_{n \to \infty} \mu(B_n) = \mu(B)$$

является следствием утверждений (6.2.36), (6.2.37).

Из равенств (6.2.54), (6.2.62), (6.2.63) следует, что равенство (6.2.12) верно для множества B

(6.2.64) $$\mu(B) = \int_{X_1} d\mu_1(x_1)\mu_2(B_{2x_1})$$

ЛЕММА 6.2.6. *Если*

(6.2.65) $$\mu(A) = 0$$

то

(6.2.66) $$\int_{X_1} d\mu_1(x_1)\mu_2(A_{2x_1}) = 0$$

ДОКАЗАТЕЛЬСТВО. Равенство

(6.2.67) $$\int_{X_1} d\mu_1(x_1)\mu_2(B_{2x_1}) = 0$$

следует из равенств (6.2.35), (6.2.65). Согласно теореме 5.3.6 и утверждению 3.2.1.1, равенство

(6.2.68) $$\mu_2(B_{2x_1}) = 0$$

почти всюду является следствием равенства (6.2.67). Утверждение

(6.2.69) $$A_{2x_1} \subseteq B_{2x_1}$$

является следствием утверждения (6.2.34). Согласно теореме 3.2.8, равенство

(6.2.70) $$\mu_2(A_{2x_1}) = 0$$

почти всюду является следствием (6.2.68), (6.2.69). Согласно определению 5.1.2, равенство (6.2.66) является следствием равенства (6.2.70).   ⊙

Пусть $C = B \setminus A$. Тогда

(6.2.71) $$B = A \cup C \quad A \cap C = \emptyset$$

(6.2.72) $$B_{2x_1} = A_{2x_1} \cup C_{2x_1} \quad A_{2x_1} \cap C_{2x_1} = \emptyset$$

Равенства

(6.2.73) $$\mu(B) = \mu(A) + \mu(C)$$

(6.2.74) $$\mu_2(B_{2x_1}) = \mu_2(A_{2x_1}) + \mu_2(C_{2x_1})$$

являются следствием равенств (6.2.71), (6.2.72). Равенство

(6.2.75) $$\mu(A) + \mu(C) = \int_{X_1} d\mu_1(x_1)\mu_2(A_{2x_1}) + \int_{X_1} d\mu_1(x_1)\mu_2(C_{2x_1})$$

является следствием равенств (6.2.64), (6.2.73), (6.2.74) и теоремы 5.2.3. Равенство

(6.2.76) $$\mu(C) = 0$$

является следствием равенств (6.2.35), (6.2.73). Согласно лемме 6.2.6, равенство

(6.2.77) $$\int_{X_1} d\mu_1(x_1)\mu_2(C_{2x_1}) = 0$$

является следствием равенства (6.2.76). Равенство (6.2.12) является следствием равенств (6.2.75), (6.2.76), (6.2.77). □

6.3. Теорема Фубини

ТЕОРЕМА 6.3.1 (Фубини). *Пусть μ_1 и μ_2 - σ-аддитивные полные меры, определеные на σ-алгебрах.*[6.6] *Пусть $\mu = \mu_1 \otimes \mu_2$. Пусть A - полная абелевая Ω-группа. Пусть отображение*

$$f : X_1 \times X_2 \to A$$

с компактным множеством значений μ-интегрируемо на множестве $B \subseteq X_1 \times X_2$. Тогда

(6.3.1) $$\int_B d\mu(x_1, x_2)f(x_1, x_2) = \int_{X_1} d\mu(x_1) \int_{B_{2x_1}} d\mu(x_2)f(x_1, x_2)$$

(6.3.2) $$\int_B d\mu(x_1, x_2)f(x_1, x_2) = \int_{X_2} d\mu(x_2) \int_{B_{1x_2}} d\mu(x_1)f(x_1, x_2)$$

ДОКАЗАТЕЛЬСТВО. Мы докажем равенство (6.3.1). Доказательство равенства (6.3.2) аналогично.

ЛЕММА 6.3.2. *Равенство (6.3.1) верно для простого отображения f.*

[6.6]Смотри также теорему [1]-5 на странице 317.

Доказательство. Пусть $y_1, y_2, \ldots$ - область значений отображения f. Пусть

(6.3.3) $$B_i = \{(x_1, x_2) \in B : f(x_1, x_2) = y_i\}$$

Так как

(6.3.4) $$B = \bigcup_i B_i \quad i \neq j => B_i \cap B_j = \emptyset$$

то равенство

(6.3.5) $$\int_B d\mu(x_1, x_2) f(x_1, x_2) = \sum_n \mu(B_n) y_n$$

является следствием определения 5.1.2. Равенство

(6.3.6) $$\mu(B_n) = \int_{X_1} d\mu_1(x_1) \mu_2(B_{n \cdot 2x_1})$$

где

(6.3.7) $$B_{n \cdot 2x_1} = \{x_2 \in X_2 : (x_1, x_2) \in B_n\}$$

является следствием теоремы 6.2.3. Равенство

(6.3.8) $$\int_B d\mu(x_1, x_2) f(x_1, x_2) = \sum_n \left(\int_{X_1} d\mu_1(x_1) \mu_2(B_{n \cdot 2x_1}) \right) y_n$$

является следствием равенств (6.3.5), (6.3.6). Согласно определению 5.1.2, равенство

(6.3.9) $$\int_{B_{2x_1}} d\mu_2(x_2) f(x_1, x_2) = \sum_n \mu_2(B_{n \cdot 2x_1}) y_n$$

является следствием равенств (6.3.3), (6.3.7). Согласно теоремам 5.2.3, 5.2.8, равенство

(6.3.10)
$$\begin{aligned}
\int_{X_1} d\mu_1(x_1) \int_{B_{2x_1}} d\mu(x_2) f(x_1, x_2) &= \int_{X_1} d\mu_1(x_1) \left(\sum_n \mu_2(B_{n \cdot 2x_1}) y_n \right) \\
&= \sum_n \int_{X_1} d\mu_1(x_1) (\mu_2(B_{n \cdot 2x_1}) y_n) \\
&= \sum_n \left(\int_{X_1} d\mu_1(x_1) \mu_2(B_{n \cdot 2x_1}) \right) y_n
\end{aligned}$$

является следствием равенства (6.3.9). Равенство (6.3.1) является следствием равенств (6.3.8), (6.3.10). $\odot$

Согласно теореме 4.3.2, существует последовательность простых отображений

$$f_n : X_1 \times X_2 \to A$$

сходящаяся равномерно к f

(6.3.11) $$f(x) = \lim_{n \to \infty} f_n(x)$$

Согласно лемме 6.3.2, равенство

$$(6.3.12) \qquad \int_B d\mu(x_1, x_2) f_n(x_1, x_2) = \int_{X_1} d\mu(x_1) \int_{B_{2x_1}} d\mu(x_2) f_n(x_1, x_2)$$

верно для любого отображения f_n. Равенства

$$(6.3.13) \qquad \int_B d\mu(x_1, x_2) f(x_1, x_2) = \lim_{n\to\infty} \int_B d\mu(x_1, x_2) f_n(x_1, x_2)$$

$$(6.3.14) \qquad \int_{B_{2x_1}} d\mu_2(x_2) f(x_1, x_2) = \lim_{n\to\infty} \int_{B_{2x_1}} d\mu_2(x_2) f_n(x_1, x_2)$$

являются следствием определения 5.2.1. Так как отображение f имеет компактное множество значений, то существует $M > 0$ такое, что

$$(6.3.15) \qquad \|f(x_1, x_2)\| \le M$$

Согласно построению в доказательстве теоремы 4.3.2, утверждение

$$(6.3.16) \qquad \|f_n(x_1, x_2)\| < M + \frac{1}{n} \le M + 1$$

являются следствием утверждения (6.3.15). Согласно теореме 5.2.10, утверждение

$$(6.3.17) \qquad \left| \int_{B_{2x_1}} d\mu_2(x_2) f_n(x_1, x_2) \right| \le \mu_2(B_{2x_1})(M + 1)$$

являются следствием утверждения (6.3.16). Согласно теоремам 5.2.8, 6.2.3, отображение

$$x_1 \to \mu_2(B_{2x_1})(M + 1)$$

μ_1-интегрируемо. Согласно теореме 5.4.2, из (6.3.11), (6.3.14) следует, что отображение

$$x_1 \to \int_{B_{2x_1}} d\mu_2(x_2) f(x_1, x_2)$$

μ_1-интегрируемо и

$$
\begin{aligned}
&\int_{X_1} d\mu_1(x_1) \int_{B_{2x_1}} d\mu_2(x_2) f(x_1, x_2) \\
(6.3.18) \qquad &= \int_{X_1} d\mu_1(x_1) \lim_{n\to\infty} \int_{B_{2x_1}} d\mu_2(x_2) f_n(x_1, x_2) \\
&= \lim_{n\to\infty} \int_{X_1} d\mu_1(x_1) \int_{B_{2x_1}} d\mu_2(x_2) f_n(x_1, x_2)
\end{aligned}
$$

является следствием (6.3.14). Равенство (6.3.1) является следствием равенств (6.3.13), (6.3.18). $\qquad\square$

Список литературы

[1] А. Н. Колмогоров, С. В. Фомин. Элементы теории функций и функционального анализа. М., Наука, 1976

[2] Александр Клейн.
Нормированная Ω-группа.
CreateSpace Independent Publishing Platform, 2015;
ISBN-13: 978-1505992359

[3] П. Кон, Универсальная алгебра, М., Мир, 1968

[4] Paul M. Cohn, Algebra, Volume 1, John Wiley & Sons, 1982

[5] Н. Бурбаки, Общая топология. Использование вещественных чисел в общей топологии.
перевод с французского С. Н. Крачковского под редакцией Д. А. Райкова,
М. Наука, 1975

[6] Постников М. М., Лекции по геометрии, семестр IV, Дифференциальная геометрия, М. Наука, 1983

[7] Фихтенгольц Г. М., Курс дифференциального и интегрального исчисления, том 1, М. Наука, 1969

[8] Алексеевский Д. В., Виноградов А. М., Лычагин В. В., Основные понятия дифференциальной геометрии
Итоги ВИНИТИ 28
М. ВИНИТИ, 1988

[9] Анри Картан. Дифференцииальное исчисление. Дифференциальные формы.
М. Мир, 1971

[10] V. I. Arnautov, S. T. Glavatsky, A. V. Mikhalev,
Introduction to the theory of topological rings and modules, Volume 1995,
Marcel Dekker, Inc, 1996

Предметный указатель

Специальные символы и обозначения

www.ingramcontent.com/pod-product-compliance
Lightning Source LLC
Chambersburg PA
CBHW050730180526
45159CB00003B/1181